陕西省"十四五"职业教育规划教材
陕西省职业教育在线精品课程配套教材

乳制品检测技术

乳制品检测基础知识

马兆瑞　姚瑞祺　主编

化学工业出版社

·北京·

内容简介

《乳制品检测技术》入选陕西省"十四五"职业教育规划教材（GZZK 2023-1-170），遵循"项目引领、任务驱动、行动导向"的项目化教学模式，根据乳制品检测工作实际进行典型工作任务分析和整体教学设计，结合市场上常见的乳制品类型，内容分为乳制品检测基础知识、生乳的检测、灭菌乳检测、婴幼儿乳粉检测和发酵乳检测等5个教学模块，每个模块下设2～5个学习任务，每个学习任务下有：任务描述、学习目标、相关知识点、任务准备、任务实施、任务评价等栏目，其中任务准备、任务实施、任务评价为工作活页形式，每个模块单独成册，方便学习者灵活使用。教材将国家和行业标准、思政小课堂、微课视频、教学PPT及图片以二维码形式融合其中，丰富的数字资源方便教学和自学。每个模块后设有模块检测试卷，用于测试学习效果。学习者可同时使用智慧树平台上与之配套的精品在线课程"乳制品检测技术"辅助学习。教材有机融入思政与职业素养内容，体现立德树人根本任务。

本书可作为高等职业院校食品检验检测技术、食品质量与安全、食品贮运与营销、食品智能加工技术、食品营养与健康等专业的教材，也可以作为食品检测和农副产品检测等领域工作的科研人员和从业人员的参考资料。

图书在版编目（CIP）数据

乳制品检测技术 / 马兆瑞，姚瑞祺主编. -- 北京：化学工业出版社，2025.2. --（陕西省"十四五"职业教育规划教材）. -- ISBN 978-7-122-46684-6

Ⅰ.TS252.7

中国国家版本馆CIP数据核字第20249QA966号

责任编辑：王嘉一　李植峰　迟　蕾
责任校对：王　静
装帧设计：张　辉

出版发行：化学工业出版社
　　　　　（北京市东城区青年湖南街13号　邮政编码100011）
印　　装：中煤（北京）印务有限公司
787mm×1092mm　1/16　印张16½　字数396千字
2025年9月北京第1版第1次印刷

购书咨询：010-64518888
售后服务：010-64518899
网　　址：http://www.cip.com.cn
凡购买本书，如有缺损质量问题，本社销售中心负责调换。

定　　价：58.00元

《乳制品检测技术》
编写人员

主　　编　马兆瑞　姚瑞祺

副 主 编　张红娟　秦立虎　龙明华

编写人员　马兆瑞　姚瑞祺　张红娟　秦立虎

　　　　　龙明华　唐丽丽　戴　璐　薛　雯

　　　　　刘　伟　杜管利　张彩红

主　　审　逯家富

工作活页式是典型的职业活动教材，这种教材配合"任务驱动、行动导向"的项目化教学模式，注重培养学习者的职业能力和职业素质。《国家职业教育改革实施方案》《职业教育提质培优行动计划（2020～2023年）》均倡导使用新型活页式、工作手册式教材并配套开发数字化资源，以教材内容和形式的创新推动职业教育教学模式的改革。

本书依据高等职业学校食品检验检测技术专业人才培养方案和相关国家职业技能标准，对接国家、行业技能大赛考核标准，结合我国乳制品检测现状，对乳制品企业和检测机构的工作内容进行典型工作任务分析，重构传统教学内容，以实现岗、课、赛、证融通。教材分为乳制品检测基础知识、生乳的检测、灭菌乳检测、婴幼儿乳粉检测和发酵乳检测5个模块，每个模块单独成册。每个模块下设2～5个学习任务，每个学习任务下有：任务描述、学习目标、相关知识点、任务准备、任务实施、任务评价等栏目，任务准备、任务实施和任务评价采用工作活页形式，借助"学习任务"实施职业教学，使教材兼具工作活页和教材的双重属性。教材将国家和行业标准、思政小课堂、微课视频、教学PPT及图片以二维码的形式融入内容中，突出立体化、信息化特色。"任务准备"通过"引导问题"来引导学习者从信息源中找到所需的专业知识，"任务实施"通过实验引导学生学习专业技能，解决专业问题，记录学习过程。教材注重思政与职业素质教育在理想信念层面的精神引领，通过"任务评价"规范学习者的技能操作，反馈完成素质、知识和技能学习目标的自评、互评和师评，实现学习者全过程、评价者全方位和学习目标全覆盖的反馈评价机制。每个模块后还设有模块检测，用于测试学习效果。教材有机融入思政与职业素养内容，体现立德树人根本任务。

本书由陕西农林职业技术大学马兆瑞和姚瑞祺担任主编，陕西农林职业技术大学张红娟、龙明华和西安百跃羊乳集团有限公司秦立虎担任副主编。具体编写任务如下：陕西农林职业技术大学马兆瑞和西安银桥乳业集团有限公司检测中心张彩红编写模块一，陕西农林职业技术大学唐丽丽编写模块二，陕西农林职业技术大学戴璐和薛雯编写模块三，陕西农林职业技术大学姚瑞祺编写模块四，陕西农林职业技术大学张红娟编写模块五。陕西农林职业技术大学刘伟负责实验验证，视频拍摄由秦龙乳业集团有限公司杜管利和西安百跃羊乳集团有限公司秦立虎完成。全书由逯家富教授审稿。

本书在编写过程中得到陕西农林职业技术大学生物工程分院以及编者所在单位的大力支持，在此一并表示感谢！

由于时间和编者水平有限，疏漏之处在所难免，恳请读者批评指正！

编者

2024 年 12 月

目 录

学习任务1-1　认识乳制品及其质量标准

任务描述

① 学习农产品食品检验员国家职业标准，了解农产品食品检验员职业概况、基本要求和工作要求。

② 学习乳及乳制品概念、乳化学组成和物理性质，了解我国及国际乳制品质量标准体系。

学习目标

（一）素质目标

遵守"诚信守法、清正廉洁；客观公正、科学准确；爱岗敬业、团结协作；执行标准、规范操作；恪尽职守、保守秘密。"的职业守则，增强食品安全责任意识。

（二）知识目标

① 能解释乳及乳制品概念，概述乳的化学组成和乳的物理性质。
② 能归纳中国乳制品标准体系和国际乳制品标准体系。

相关知识点

知识点1　乳制品及其分类

PPT　　课程视频

乳制品包括以生鲜牛（其他动物）乳及其制品为主要原料，经加工制成的产品。第1类是液态乳类，主要包括生乳、杀菌乳、灭菌乳；第2类是发酵乳类；第3类是炼乳类；第4类是乳粉类，包括一般乳粉和配方乳粉；第5类是乳脂制品类，包括稀奶油、奶油和无水奶油等；第6类是干酪类；第7类是冰淇淋类；第8类是其他乳制品类，包括干酪素、乳清粉等。具体见表1-1-1。

表1-1-1　乳制品及其概念

大类	名称	概念
1.液态乳类	生乳	指从符合国家有关要求的健康奶畜乳房中挤出的无任何成分改变的、未添加外源物质、未经过加工的常乳
	杀菌乳	以生鲜牛（羊）乳为原料，经过巴氏杀菌处理制成液体产品，经巴氏杀菌后，生鲜乳中的蛋白质及大部分维生素基本无损，但是没有100%地杀死所有微生物，所以杀菌乳不能常温贮存，需低温冷藏贮存，保质期为 2 ～ 15d

续表

大类	名称	概念
1. 液态乳类	灭菌乳	以生鲜牛（羊）乳或复原乳为主要原料，添加或不添加辅料，经灭菌制成的液体产品，由于生鲜乳中的微生物全部被杀死，灭菌乳不需冷藏，常温下保质期 1～8 个月
2. 发酵乳类	酸乳	以生鲜牛（羊）乳或复原乳为主要原料，添加或不添加辅料，使用保加利亚乳杆菌、嗜热链球菌等菌种发酵制成的产品。按照所用原料不同，分为纯酸乳、调味酸乳、加果料酸乳；按照脂肪含量不同，分为全脂酸乳、部分脱脂酸乳、脱脂酸乳
3. 炼乳类	炼乳	以生鲜牛（羊）乳或复原乳为主要原料，添加或不添加辅料，经杀菌、浓缩，制成的黏稠态产品。按照添加或不添加辅料，分为全脂淡炼乳、全脂加糖炼乳、调味/调制炼乳、配方炼乳
4. 乳粉类	一般乳粉	以生鲜牛（羊）乳为主要原料，添加或不添加辅料，经杀菌、浓缩、喷雾干燥制成的粉状产品。按脂肪含量、添加辅料区分为全脂乳粉、低脂乳粉、脱脂乳粉、全脂加糖乳粉、调味乳粉
	配方乳粉	针对不同人群的营养需要，以生鲜乳或乳粉为主要原料，去除了乳中的某些营养物质或强化了某些营养物质（也可能二者兼有之），经加工干燥而成的粉状产品，配方乳粉的种类包括婴幼儿、老年及其他特殊人群需要的乳粉
5. 乳脂制品类	稀奶油	以生鲜牛乳为原料，用离心分离法分离出稀奶油（脂肪含量 35%～40%），经杀（灭）菌、均质、冷却制成黏稠状半固态产品，可用于蛋糕裱花、冰淇淋制作
	奶油	以生鲜牛乳为原料，用离心分离法分离出稀奶油，然后经发酵或不发酵、成熟、搅拌、压炼而制成的乳制品。脂肪含量达 80%，营养丰富，可直接食用或作为其他食品如冰淇淋等的原料
	无水奶油	以稀奶油或奶油为原料，经精炼加工制成脂肪含量不小于 99.8% 的乳脂肪产品
6. 干酪类	干酪	以生鲜牛（羊）乳或脱脂乳、稀奶油为原料，经杀菌、添加发酵剂和凝乳酶，使蛋白质凝固，排出乳清，制成的固态产品
	再制干酪	以一种或几种不同成熟度的天然干酪为主要原料，经粉碎后添加乳化剂、稳定剂溶化而成制品
7. 冰淇淋类	冰淇淋	以饮用水、牛乳、乳粉、奶油（或植物油脂）、食糖等为主要原料，加入适量食品添加剂，经混合、灭菌、均质、老化、凝冻、硬化等工艺制成的体积膨胀的冷冻食品
8. 其他乳制品类	干酪素	以脱脂牛（羊）乳为原料，用酶或盐酸、乳酸使所含酪蛋白凝固，然后将凝块过滤、洗涤、脱水、干燥而制成的产品
	乳清粉	以生产干酪、干酪素的副产品——乳清为原料，经杀菌、脱盐或不脱盐、浓缩、干燥制成的粉状产品

 知识点2　乳的化学组成

乳是哺乳动物为哺育幼儿从乳腺分泌的一种白色或稍带黄色的不透明液体，它含有幼小动物生长发育所需要的全部营养成分，包括水分、蛋白质、脂类、碳水化合物、矿物质、维生素、酶类和多种微量成分等，因动物种类、品种、泌乳阶段、饲养管理方法等因素不同而有所变化。

一般把牛乳的组成分为水分和乳固体两大部分。牛乳中水分约占 87%，除水之外的物质，称乳固体，含量约占 13%，具体成分及含量见表 1-1-2。

表 1-1-2　牛乳基本组成及含量（单位：%）

成分	水分	全乳固体	脂类	蛋白质	乳糖	矿物质
变化范围	85.5 ~ 89.5	10.5 ~ 14.5	2.5 ~ 6.0	2.9 ~ 5.0	3.6 ~ 5.5	0.6 ~ 0.9
平均值	87.5	13	4.0	3.4	4.8	0.8

1. 水分

牛乳中的水分是由乳腺细胞所分泌的，它溶有牛乳中的各种物质。乳中的水主要以两种形式存在，一种是结合水，结合水与蛋白质、乳糖及某些盐类结合存在，不具有溶解其他物质的作用，乳达到冰点时并不冻结。另一种是游离水，它在牛乳水分中含量较大，牛乳的许多理化过程和生物学过程均与游离水有关，当乳达到冰点时游离水即冻结。

2. 乳脂类

乳脂类的 97% ~ 98% 为甘油三酯，其他为甘油二酯、单甘油酯、游离脂肪酸、胆固醇、磷脂及脂溶性维生素等。乳中的脂肪以脂肪球的形式，均匀地分布在乳汁中。脂肪球的外面包有一层蛋白质薄膜，具有保持乳浊液稳定的作用，静止时即使脂肪球上浮分层，仍能保持脂肪球的分散状态。牛乳在遭到强烈震荡或不规则快速搅拌时，脂肪球膜被破坏，脂肪球会聚结、粘连在一起析出。脂肪易受环境（光、热、氧气）的影响被氧化产生氧化味。经微生物污染后，则分解成各种脂肪酸并产生臭味。

3. 蛋白质

牛乳中蛋白质最主要的有三种：酪蛋白约占总量的 79.5%，乳清蛋白约占 19.3%，少量的脂肪球膜蛋白约占 1.2%。蛋白质是我们膳食中的基本成分，我们摄入的蛋白质在消化道和肝脏内被分解成小分子化合物，这些化合物接着被转送到体细胞中作为结构物质而成为身体本身的蛋白质。而生物体中绝大多数化学反应是受有催化作用的蛋白质（酶）来控制的。

4. 乳糖

乳糖是一种仅存于哺乳动物乳汁中的双糖，由一分子 D- 葡萄糖和一分子 D- 半乳糖缩合而成，牛乳的甜味完全来自乳糖。乳糖可提供热量，乳糖受到肠道中乳酸菌的作用会分解成葡萄糖和半乳糖，而半乳糖则是形成脑神经中糖脂质的主要物质，所以在婴儿发育旺盛期，乳糖对婴儿的智力发育非常重要。乳糖还可以被乳酸菌进一步转化成乳酸等物质，乳酸则可促进钙的吸收。

5. 矿物质

乳汁中含有人体所需要的各种无机盐类，包括磷、钙、镁、氯、钠、硫、钾等。其含量虽少，但在营养上却有重要的作用。

6. 维生素

牛乳中含有脂溶性维生素 A、维生素 D、维生素 E、维生素 K。水溶性维生素 B_1、维生素 B_2、维生素 B_6、维生素 B_{12}、维生素 C、烟酸、泛酸、维生素 H、叶酸等。

7. 酶

乳中存在各种酶，如过氧化物酶、还原酶、解脂酶、乳糖酶等。

 知识点3　乳的物理性质

1. 乳的色泽、气味及组织状态

（1）色泽

新鲜乳是一种乳白色、白色或微黄色，不透明的胶性液体。乳的白色是由脂肪球、酪蛋白钙、磷酸钙等对光的反射和折射所产生的，白色以外的颜色是由一些色素物质决定的，如核黄素、胡萝卜素等。若有其他色泽的，均为异常乳。

（2）气味

乳中存在挥发性脂肪酸及其他挥发性物质，所以牛乳含有一种特殊的乳香，牛乳具有很强的吸附性，很容易吸收外界的各种气味。风味集微甜、酸、咸、苦四种风味的混合体，其中微甜是起因于乳含有乳糖，酸味来自乳中柠檬酸和磷酸，咸味由氨基酸形成，苦味由镁和钙形成。

（3）组织状态

正常牛乳组织状态应均匀一致，呈均匀的胶态流体，不得有沉淀、凝块、黏稠、杂质和异物，尤其是不得有肉眼可见的外来异物（如豆渣、牛粪、昆虫等）。

2. 乳的相对密度

乳的相对密度指在 20℃ 时一定容积乳的质量与同容积水在 4℃ 时的质量比，无量纲量。正常乳的相对密度平均为 1.032。乳的相对密度由乳中非脂肪固体含量所决定，因此乳成分的变化也影响相对密度的改变。除此之外，乳的相对密度随温度而变化。

3. 乳的冰点

牛乳的冰点一般为 −0.565 ～ −0.525℃。一旦乳中加入水，冰点会升高，因此，可以根据冰点上升情况计算出大致的掺水量。

4. 乳的酸度

牛乳的酸度是牛乳质量的一项重要指标。乳的酸度通常用吉尔涅尔度表示，符号为 °T。测定时取 10mL 牛奶，用 20mL 蒸馏水稀释，加酚酞指示剂，然后用 0.1mol/L 氢氧化钠溶液滴定，按所消耗氢氧化钠溶液的毫升数表示，消耗 0.1mL 为 1°T。正常牛乳的酸度由于乳的品种、饲料、挤乳和泌乳期的不同而有差异，但一般均在 14 ～ 18°T，pH 值为 6.6 左右。如果牛乳存放时间过长，细菌繁殖可致使牛乳的酸度明显增高。如果乳牛健康状况不佳，患急、慢性乳腺炎等，则可使牛乳的酸度降低。

知识点4　中国乳制品标准体系

根据《中华人民共和国食品安全法》《乳制品工业产业政策》《乳品质量安全监督管理条例》和《奶业整顿和振兴规划纲要》等规定，经第一届食品安全国家标准审评委员会审查，卫生部于 2010 年 3 月 26 日日公布了 GB19301—2010《食品安全国家标准 生乳》等 66 项乳品安全国家标准。乳品安全国家标准包括乳品产品标准 15 项、生产规范 2 项、检验方法标准 49 项，标准在 2018 年《中华人民共和国食品安全法》修正后持续更新。

除此以外，我国还有其他乳品行业标准，主要包括相关农业标准和商检标准，而农业标准主要为绿色乳品和无公害乳品标准，商检标准则是关于乳品的进出口标准，它们均是对乳品安全国家标准的有力补充。

 知识点5　国际乳制品标准体系

思政小课堂

1. ISO 的乳与乳制品标准体系

成立于 1947 年 2 月 23 日的国际标准化组织（International Organization for Standardization，ISO）是世界上最大、最具权威性的非政府性国际标准化专门机构。ISO 标准组织又分为 224 项不同行业领域的标准和规范制定技术委员会（Technical Committee，TC），各技术委员会又分支为更细的分技术委员会（Subcommittee，SC）。与食品产业标准和规范有关的技术委员会主要为 ISO/TC34，TC34 下设 15 项分技术委员会（SC），涉及乳制品、果蔬、谷物、肉蛋等分支，乳与乳制品分技术委员会（SC5）主要负责 ISO 乳与乳制品标准的制定。

ISO 目前颁布的乳和乳制品相关标准 177 项，标准按应用范围可分为基础标准、质量检测标准和安全检测标准。其中基础标准 19 项，主要为取样方法、数据记录程序、设备操作说明、方法概述等；质量检测标准 114 项，包含了蛋白质、脂类、碳水化合物、矿物质、水分、维生素 6 大营养素的检测标准及感官检测标准；安全检测标准 44 项，包含了有害微生物、真菌毒素、添加剂、药物残留、污染物等检测标准。标准按照所覆盖产品分属乳与乳制品综合、液态乳（包括生乳、巴氏杀菌乳、灭菌乳）、炼乳、发酵乳、乳粉、乳脂制品（包括奶油、稀奶油和无水奶油）、干酪和再制干酪、其他乳制品八大门类。

2. 国际食品法典委员会的乳与乳制品标准体系

联合国粮食及农业组织（Food and Agriculture Organization，FAO）与世界卫生组织（World Health Organization，WHO）于 1961 年联合成立了国际食品法典委员会（Codex Alimentarius Commission，CAC），旨在全球范围内就食品法规标准达成共识，保证食品质量和安全，促进食品贸易发展。迄今为止 CAC 制定食品标准 116 项，并以《食品法典》（共 13 卷）形式发布。CAC 制定了一系列乳与乳制品标准，主要包括综合主题委员会制定的对所有食品（包括乳与乳制品）的通用原则标准，以及 CAC 乳与乳制品委员会制定的针对乳与乳制品的标准两大部分。CAC 乳与乳制品法典委员会的主要任务是制定国际统一的乳与乳制品标准、规范和技术规程，CAC 乳与乳制品法典委员会的秘书处工作由新西兰政府承担，每年召开一次全体会议，讨论乳与乳制品标准及相关问题。截至 2011 年，CAC 乳与乳制品法典委员会已制定出乳与乳制品产品标准（Codex Stan）35 项、指南文件（CAC/GL）2 项，均收录在食品法典第 12 卷中。

3. 国际乳品联合会的乳与乳制品标准体系

国际乳品联合会（International Dairy Federation，IDF）成立于 1903 年，是一个独立的、非政治性的、非营利性的民间国际组织，也是乳品行业唯一的世界性组织。它代表世界乳品工业参与国际活动。IDF 由比利时组织发起，因此，总部设在比利时首都布鲁塞尔。其宗旨是：通过国际合作和磋商，促进国际乳品领域中科学、技术和经济的进步。目前，IDF 有 56 个成员国，涵盖主要乳品制造国家，覆盖了全球 75% 的乳产量。1984 年以来，中国一直以观察员的身份参加 IDF 活动。1995 年，中国正式加入 IDF，成为第 38 个成员国。

IDF 的最高权力机构是理事会，理事会是 IDF 最重要的研究、决策与协调机构，由 IDF 高级管理人员、会员国代表和行业代表组成。其下设机构为管理委员会、学术委员会和秘书处。学术委员会又设有六个专业委员会，每个专业委员会负责一个特定领域的工作，它们是：A 乳品生产、卫生和质量委员会，B 乳品工艺和工程委员会，C 乳品行业经济、销售和管理委员会，D 乳品行业法规、成分标准、分类和术语委员会，E 乳与乳制品的实验室技术和分析标准委员会，F 乳品行业科学、营养和教育委员会。理事会由成员国代表组成，负责制定和修改联合会章程，选举联合会主席和副主席，选举管理委员会和学术委员会主席，批准年度经费预算和新会员国入会等，理事会每年至少举行一次会议。管理委员会即常务理事会，由选举产生的 5 ~ 6 名委员组成，负责主持联合会的日常工作。学术委员会负责协调和组织下设的 6 个专业技术委员会的工作，具体考虑乳品领域科学、技术和经济方面的问题，要体现理事会制定的政策。各专业技术委员会通过组织专家组，解决各自领域内的具体问题。秘书处负责处理联合会的日常事务工作。各成员国均设有国家委员会，负责与 IDF 联络和沟通。IDF 中国国家委员会设在中国乳制品工业协会，秘书处设在黑龙江省乳品工业技术开发中心。

IDF 每四年召开一次国际乳品代表大会，每年召开一次年会。大会期间，通过举办各种专题研讨会、报告会和书面报告的形式，为世界乳品行业提供技术交流、信息沟通的场所和机会。年会期间六个专业技术委员会分别开会，由专家组报告工作情况，并做出相应的决议。除大会和年会外，各专业技术委员会经常举办一些研讨会、技术报告会和专题报告会，就乳品行业普遍关心的技术、经济、政策等方面的问题，进行交流和探讨。协调各国乳品行业之间和乳品行业与其他国际组织之间的关系也是 IDF 的主要工作之一。IDF 通过 D、E 委员会制定自己的分析方法、产品和其他方面的标准，并直接参与 ISO、CAC 国际标准的制定工作，IDF 的标准是 ISO、CAC 制定有关乳品标准的重要依据。IDF 每年都要发行其出版物，主要包括公报、专题报告集、研讨会论文集、简报、书籍和标准。IDF 的经费来源主要是成员国缴纳的会费、大会及年会的报名费、销售出版物收入及有关方面的捐赠。

ISO、IDF、CAC 三大国际组织在乳与乳制品标准化的领域内相互补充，共同为世界乳类标准的统一提供技术支持。

任务准备

组长组织组员围绕任务描述，讨论工作计划，完成表 1-1-3。

表 1-1-3　　学生任务分配表

班级		组号		指导老师	
组长		学号		联系方式	

组员	姓名	任务分工	姓名	任务分工

工作计划	

任务实施

? **引导问题1：**扫描二维码，阅读农产品食品检验员国家职业标准，根据国家职业标准，完成表1-1-4（不够，可以另附页）。

农产品食品检验员国家职业标准

表1-1-4　乳品检验员国家职业标准内容要点

<table>
<tr><td colspan="3">职业概况</td><td></td></tr>
<tr><td rowspan="4">基本要求</td><td colspan="2">职业守则</td><td></td></tr>
<tr><td rowspan="3">基础知识</td><td>专业基础知识</td><td></td></tr>
<tr><td>安全基础知识</td><td></td></tr>
<tr><td>相关法律法规知识</td><td></td></tr>
<tr><td rowspan="6">工作要求</td><td></td><td>工作内容</td><td>技能要求</td><td>相关知识要求</td></tr>
<tr><td>初级</td><td></td><td></td><td></td></tr>
<tr><td>中级</td><td></td><td></td><td></td></tr>
<tr><td>高级</td><td></td><td></td><td></td></tr>
<tr><td>技师</td><td></td><td></td><td></td></tr>
<tr><td>高级技师</td><td></td><td></td><td></td></tr>
</table>

? **引导问题2：**将以下相关内容进行连线。

杀菌乳	以生鲜牛（羊）乳或复原乳为主要原料，添加或不添加辅料，使用保加利亚乳杆菌、嗜热链球菌等菌种发酵制成的产品。
配方乳粉	以生鲜牛（羊）乳或脱脂乳、稀奶油为原料，经杀菌、添加发酵剂和凝乳酶，使蛋白质凝固，排出乳清，制成的固态产品。
发酵乳	针对不同人群的营养需要，以生鲜乳或乳粉为主要原料，去除了乳中的某些营养物质或强化了某些营养物质（也可能二者兼而有之），经加工干燥而成的粉状产品。
干酪	以生鲜牛（羊）乳为原料，经过巴氏杀菌处理制成液体产品，不能常温贮存，需低温冷藏贮存，保质期为 2 ～ 15 天。

? 引导问题3：解释乳的概念。

_____

_____

? 引导问题4：牛乳的主要营养成分有哪些，平均含量各为多少？

_____

? 引导问题5：选择正确答案填入括号。

（1）乳的物理性质通常指（   ）。

a. 色泽、气味及组织状态   b. 乳的相对密度

c. 乳的酸度   d. 乳的冰点

（2）乳的相对密度平均为（   ）。

a.1.000   b.1.032   c.0.999   d.1.132

（3）乳的酸度通常为（   ）。

a.11～14°T   b.14～18°T   c.18～22°T   d. 无法测定

? 引导问题6：乳品安全国家标准主要有哪些类别，请具体说明。

_____

? 引导问题7：填空及完成表1-1-5的内容。

ISO 汉语名称：_____英文全称_____。

CAC 汉语名称：_____英文全称_____。

CAC 的主要任务是_____。

表1-1-5 IDF的组织机构和职能

IDF 的最高权力机构	下设机构	职能
理事会	管理委员会	
	学术委员会	A：
		B：
		C：
		D：
		E：
		F：
	秘书处	

任务评价

　　每个学生完成学习任务的成绩评定，按学生自评、小组互评、教师评价三阶段进行，并按自评占 20%、互评占 30%、师评占 50% 作为每个学生综合评价结果，填入表1-1-6。

表1-1-6　　认识乳制品及其质量标准学习情况评价表

评价项目	评价标准	满分	评价分值			得分
			自评	互评	师评	
素质目标	能叙述"农产品食品检验员"国家职业标准基本要求中职业守则要求	20				
知识目标	能正确解释乳及乳制品的概念	10				
	能正确叙述乳的化学组成	20				
	能正确叙述乳的物理性质	10				
	能正确归纳中国乳制品标准体系	20				
	能正确归纳国际乳制品标准体系	20				
合计		100				

综合评价

学习任务1-2 进行乳制品样品采集

任务描述

学习采样一般要求和不同乳制品样品采集的具体要求，对某干酪样品进行样品采集。

学习目标

（一）素质目标

① 树立认真负责、一丝不苟的工作态度。
② 养成相互分享、协同合作的团队意识。

（二）知识目标

① 准确说明采样的一般要求。
② 说明各类乳制品采样的具体方法，能制定各类乳制品采样方案。

（三）技能目标

① 能按照要求进行干酪样品的采集。
② 能正确撰写采样报告。

相关知识点

PPT　　　课程视频

知识点1　采样一般要求

样品须由接受过专门技术训练，掌握样品采集方法，无传染病的获授权人进行采集。样品采集一般包括采集前准备、现场采集、样品送检、无法满足检验要求样品的处理和采集工作结束等五个步骤。具体要求如下。

1. 采集前准备

样品采集前采集人员应与实验室沟通，全面了解被采集样品的特性和样品采集要求，掌握样品采集方案，设计合理采集路径与时间，提高样品采集工作效率。此外样品采集人员还应准备足够数量的采样记录表和加盖印章的封签，并准备样品采集工具与装备，主要包括以下几种。

无菌样品采集容器：无菌袋、无菌盒、灭菌广口瓶等。

普通样品采集容器：塑料瓶（袋）、密闭塑料盒、带盖螺口玻璃瓶、带塞玻璃瓶等。

样品采集工具：钳子、螺丝刀、小刀、剪刀、镊子、勺子、用于罐头及瓶盖的开启器、双套回转取样管、吸管，以及针对不同类别乳制品的特殊取样工具。样品采集工具应为不锈钢制成，表面光滑，没有裂缝，所有角均为圆角。工具使用前应保持干燥，涉及微生物检验样品的采集工具应无菌。

冷藏工具：冷冻或保温箱，冰袋或干冰（固体二氧化碳）等。用于运输冷却样品的保温容器，应保证样品在其中存放 24h 以上，温度不低于 0℃，不高于 5℃。用于运输冷冻或速冻样品的保温容器，应保证样品在其中存放 24h 以上，温度不高于 –18℃。

样品采集服装：防护衣、口罩、帽子、一次性无菌手套等。

辅助工具：手电筒、记号笔、记录笔、防水标签、胶带、温度计（校正过）、记录表、照相机（摄像机）、棉球、乙醇溶液（75% 体积分数、95% 体积分数）、酒精灯、运输车辆等。

2. 现场采集

食品样品采集应该按照国家标准中规定的方法和要求进行，并做好样品采集信息记录，做到信息完整、准确、清晰，具备溯源性。具体内容详见 GB/T 5009.1—2003《食品卫生检验方法 理化部分》、GB 4789.1—2016《食品安全国家标准 食品微生物学检验总则》、GB 4789.18—2024《食品安全国家标准 食品微生物学检验 乳与乳制品采样和检样处理》等。

（1）样品采集

采样应注意样品的生产日期、批号、代表性和均匀性（掺伪食品和食物中毒样品除外）。微生物检测用样品采样过程遵循无菌操作程序，防止一切可能的外来污染。

① 样品采集的数和量。每份样品的采集量应按检测项目对试样需要量来确定。用于理化检测的样品，一般按最小采样量（见表 1-2-1）的 3 倍采集，采样一式三份，供检验 1 份、复验 1 份、备查或仲裁 1 份。微生物检测用样品应按最小量的 5 倍采集。一般固体样品每份不少于 500g，液体、半固体样品每份不少于 500mL；对检验项目有特殊要求不能与其他检验项目共用的样品，或预包装食品包装量低于上述样品需求量的，应适当增加样品采集包装数量。

表1-2-1　各类乳制品采样及贮运温度、最小采样量

序号	产品	采样及贮运温度 /℃	最小采样量
1	非灭菌液态乳制品	1 ～ 5	100mL 或 100g
2	原包装未开封容器中的灭菌乳、超高温灭菌乳、灭菌液态乳	环境，最大 30	100mL 或 100g
3	从乳制品生产线上取样的灭菌乳、超高温灭菌乳、灭菌液态乳	1 ～ 5	100mL 或 100g
4	原包装未开封容器中炼乳、加糖炼乳、浓缩乳和灭菌浓缩乳	环境，最大 30	100g
5	半固态和固态乳制品（黄油、干酪除外）	1 ～ 5	100g

续表

序号	产品	采样及贮运温度 /℃	最小采样量
6	冰淇淋和半成品冰淇淋	≤ −18	100g
7	乳粉和乳粉制品	环境，最大 30	100g
8	黄油和黄油制品	1 ～ 5（在阴暗处）	50g
9	无水奶油及类似制品	1 ～ 5（在阴暗处）	50g
10	新鲜干酪	1 ～ 5	100g
11	再制干酪	1 ～ 5	100g
12	其他干酪	1 ～ 5	100g

② 不同包装形态的样品采集。对于预包装乳制品，应选择包装无破损、无变形或无污染，并确保检验期间食品不会过期食品。独立包装小于或等于 1000g 的固态食品（小于或等于 1000mL 的液态食品）取相同批次的产品，按完整包装采集。同一批号取件数 250g 以上的包装不得少于 6 个，250g 以下的包装，不得少于 10 个。独立包装大于 1000g 的固态食品和大于 1000mL 的液态食品，应启开包装，按散装食品样品采集方法进行样品采集。

对于散装乳制品，应首先检查有无发霉、变质、虫害和污染。一般情况下，采集散装固体（如乳粉）样品时，从盛放样品容器的上、中、下不同部位的多点采集样品，混合后按四分法（图 1-2-1）采集，最后取有代表性样品放入样品采集容器中。四分法是指将原始样品充分混合后堆积在清洁玻璃板上，压平成厚度在 3cm 以下的圆形，并划成"十"字线，将样品分成 4 份，取对角的两份混合，再用同样方法分 4 份，取对角的两份，直到获得平均样品。散装半固体类较稠的物料不易充分混匀，打开包装，用样品采集器从各桶（罐）中分上、中、下三层分别取出检样，然后将样品混合均匀。散装固体、半固体样品采集时，可使用钳子、小勺、镊子或专门工器具。采集散装液体（如鲜乳或酸乳等）样品时，应先充分混合后，再取中间部位进行样品采集，样品采集时可使用玻璃吸管或专门工器具进行采集。每一份散装样品应当单独装入容器，不得多份样品共用容器。

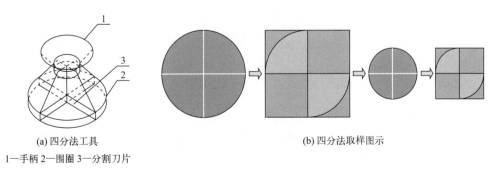

(a) 四分法工具

1—手柄 2—围圈 3—分割刀片

(b) 四分法取样图示

图 1-2-1 四分法

③ 采样容器。用于一般理化检验的样品采集容器根据检验项目选用硬质玻璃瓶或聚乙烯制品，酸性食品不应选用金属容器盛装，检测农药残留用样品不应选用塑料袋或塑料容器盛装，奶油类样品不应与纸或任何吸水、吸油材料表面有接触。样品装入容器后应进行适当的封装，防止样品发生外漏、混杂等。盛装样品的容器上应粘牢标签，并进行唯一标识。

④ 微生物检验样品的无菌采集规程。无菌样品采集过程（包括样品采取、盛装和包装过程）中，应使用酒精灯、无菌手套、无菌袋等开展样品采集工作。样品采集人员在进行无菌样品采集时，应先洗手，然后用 75% 酒精棉球消毒手，穿戴经灭菌后的防护衣、口罩、帽子、一次性无菌手套等，凡未经消毒的手、臂等均不可直接接触样品。取样时，应对样品容器的开口处进行灭菌处理（可用酒精灯火焰灼烧，或用 75% 酒精棉球擦拭），用无菌工具将样品取出后，装入无菌样品采集容器里，最后封口、灭菌处理（可用酒精灯火焰燃烧方法，或者用 75% 酒精棉球擦拭）并加贴封签。无菌样品必须保存在无菌容器内，妥善贮存并防止无菌包装破损。无菌物与非无菌物应分别放置。

（2）样品标签

样品应密封并贴上标签，标签内容包括产品名称、编号、日期和负责采样的授权人签名。如有必要还可以包括其他信息，如采样目的、采样质量或体积、采样单位、产品状况和采样时的贮存条件。

（3）填写采样记录表

应对采集的样品及时准确记录，记录内容包括采样人、采样地址、时间、样品名称、来源、批号、数量、保存条件等信息。有时记录还应该包括其他相关信息，如采样设备灭菌方法、是否添加防腐物质等，以及其他诸如产品同质性难以实现等特殊信息。负责采样的授权人签名。

3. 样品送检

样品采集完后，应根据样品性质和检验目的合理进行贮存、运输，确保样品不被污染及原有微生物和理化指标状况不变。可参照如下要求贮存采集到的样品。

预包装食品按照产品标志贮存要求进行存放。

需要冷冻、冷藏保存的样品，应使用能达到规定温度的冷链设备进行保存、运输，冷链运输设备应有温度连续监控和记录措施，样品送达时应将温度记录一并送交承检机构。各类乳制品贮运温度见表 1-2-1。

样品采集后，应尽快将样品送达承检机构，微生物检验用样品应在 4h 内送检，冷冻（藏）样品采集后需在 3h 内送检，生鲜样品应在样品采集当日送检，水分含量低或常温保存的包装样品最好在 24h 内尽快运送至实验室。如有特殊要求，样品应按检测实验室的指示发送。在对样品进行预处理后，应立即进行检测。

4. 无法满足检验要求样品的处理

送达承检机构的采集样品，若出现下列情况：①采集的样品出现包装破损；②采集的样品数量不足；③封签不合格或封签内容辨认不清，或遮盖并影响原有产品标签标志内容识别；④采集样品的品种与样品采集方案要求的品种不符合；⑤采集的样品形态发生了变化（如冷冻的样品送到检验机构时已经融化），或发霉、变质等。应及时销毁并记录，且应立即重新组织样品采集。

5. 样品采集工作结束

样品采集结束时，应将样品采集工具和剩余采样器具按要求进行处理后放回原处，需清洗的应及时清洗、需消毒灭菌的应及时消毒灭菌，清洗完毕后，进行干燥。样品采集结束后，样品采集人员应将剩余文书交回保存，并负责汇总样品采集信息交相关机构进行数据统计。一般样品在检验结束后，应保留一个月，以备需要的复检，易变质食品不予保留，保存时应加封并尽量保持原状。

 ## 知识点2　液态乳和炼乳采样具体方法

PPT　　课程视频

1. 液态乳制品取样

液态乳制品涵盖生乳和热处理乳，全脂乳、部分脱脂乳和脱脂乳，调味乳，稀奶油，发酵乳，酪乳，乳清及类似产品。

（1）取样设备

① 搅拌装置。图 1-2-2 和图 1-2-3 表示的是适于大小不同贮乳容器的手动搅拌器。除手动搅拌器外，机械搅拌装置也被普遍使用于大型贮乳罐。

内置机械搅拌器多种多样，在罐内或容器内搅拌的产品特性决定了内置搅拌器的技术参数和结构，如图 1-2-4 所示。

可拆卸机械搅拌器大多配有螺旋桨，通过检查口放入贮乳槽，位置据底端 0.7m 高度时，搅拌效果最好。建议搅拌器倾斜 5°～20°，可以为液体的搅拌同时提供水平和垂直推力。

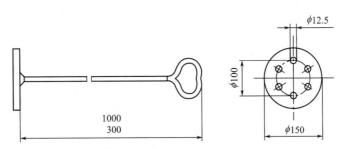

图 1-2-2　用于小型乳桶的手动搅拌器（单位：mm）

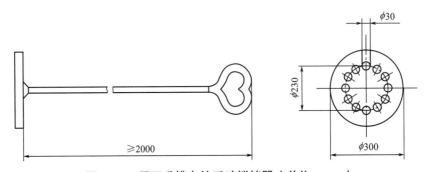

图 1-2-3　用于乳槽车的手动搅拌器（单位：mm）

② 取样器。图 1-2-5 所示形状和尺寸的勺子适合液态乳的取样,勺杯做成锥体利于嵌套。

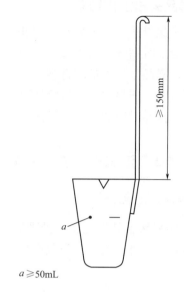

$a \geqslant 50\text{mL}$

图 1-2-4　装有内置机械搅拌器的贮乳罐　　　　图 1-2-5　液态乳取样器

③ 样品容器和保温运输容器。样品容器的容量应使其几乎完全充满液体样品,允许检测前适当混合样品内容物,但避免在运输过程中过分晃荡。保温运输容器应保证样品在贮运期间满足表 1-2-1 要求贮运温度。图 1-2-6 为牧场贮乳罐取样容器和在牧场取样的场景。

图 1-2-6　牧场贮乳罐取样容器(左)在牧场取样(右)

(2)取样方法

① 牛乳和乳清取样。在避免发泡前提下,充分混匀样品,然后立即取样,最小采样量和采样温度见表 1-2-1。理化检验、微生物检验和感官检验样品尽量从相同容器中取出,微生物检验样品采集需进行无菌操作。小型贮乳罐中的乳可用手动搅拌器搅匀,大型贮乳罐需开动机械搅拌至少 5min,使乳充分混匀。对于配备定时搅拌系统的大型贮乳罐,可以搅拌 1～2min 后进行取样,但当乳在贮乳罐中贮存时间较长时,搅拌时

间应延长至 15min。可通过观察在贮乳罐不同部位取样或者间隔一段时间取样的分析结果重复性来判断搅拌是否有效。最好通过检验口取样，如果样品是从排气口阀门或取样旋塞上取样，应排出足够的乳，确保样品具有整体代表性。

对于散装乳，除非需要单独检测每个贮罐的样品，可以从每个贮罐中抽取具有代表性的样品，抽样量与贮罐容积成正比，然后将所抽样品混合后再进行取样，取样报告中须注明每个贮罐的取样量。

对于从封闭系统（如超高温灭菌系统、无菌罐）中取样，特别是用于微生物分析，应遵守已安装的取样设备的工作说明。未开封预包装产品可以直接作为样品抽取。

② 酪乳、发酵乳、调味乳取样。与牛乳的取样方法相同，注意保证脂肪或其他固体物质不要分离，如果发生分离，则要充分搅拌，混合均匀后再进行样品采集。

③ 稀奶油取样。取样前，使用手动搅拌器或机械搅拌器彻底搅拌稀奶油，使容器底部的稀奶油与上层混合均匀。搅拌稀奶油时不要将搅拌器抬高到稀奶油表面之上，以免混入空气。

2. 淡炼乳、甜炼乳和浓缩乳制品取样

（1）取样设备

可以用与液态乳相似的搅拌器和样品容器。专门用于炼乳的取样设备如下所列。

① 甜炼乳手动搅拌器。如图 1-2-7 所示，叶片宽，长度足以到达产品容器底部，并具有形状与容器轮廓一致的一条边。或者长约 1m，直径约 35mm的搅拌棒。

② 取样器。可用液态乳的勺子型取样器，也可以根据产品特性使用汤匙、宽刃抹刀。

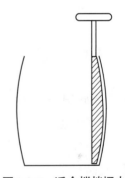

图 1-2-7　适合搅拌桶内甜炼乳的搅拌器

③ 样品容器。样品容器的容量几乎能使样品装满，留少许空隙允许在检测前混匀样品。用于盛装预采样品容器的容量为 5L，广口，其他要求与样品容器相同。

（2）取样方法

① 淡炼乳取样。对于 2kg、4kg 的大型容器，混匀前将容器放在 45℃的水中浸泡30min，然后用手动或机械搅拌器搅拌，或者运用从一个容器倒到另一个容器的方式混匀样品，混匀时尽量减少泡沫形成，否则会导致样品的物理和感官特性发生变化。样品混匀后立即取样，避免起泡，最小采样量和采样温度见表 1-2-1。如果难以获得足够的同质性，可在产品容器的不同位置用相同的采样设备采集预采样品，再混合以获得具有代表性的实验室样品。如果样品是预采样品混合物，请在标签和取样报告中注明。微生物检验样品抽取应采用无菌技术，尽可能从与理化检验和感官检验相同的产品容器中取样。

对于 500kg 及以上的超大型贮罐、乳槽车，搅拌的方式与液态乳相同，混合的强度

取决于样品浓度的大小。对于小型零售容器，一个容量大于最小采样量的预包装产品构成实验室样品。如一个预包装容量小于最小采样量，可采集多个预包装产品混合后构成实验室样品。如果样品是从预包装容器中采集，混匀前将容器放在45℃的温水中浸泡30min。

② 甜炼乳和浓缩乳取样。由于存在蔗糖或乳糖晶体，甜炼乳和浓缩乳取样非常困难，特别是当产品不均匀且黏度很高时。对于一般的散装桶，打开盖子前应彻底清洁并擦干容器的一端，以防止在打开过程中有异物落入容器，带有螺旋盖的孔很难消毒，因此要特别小心。如果用于微生物检验样品抽取，要用冷无菌水冲洗，或者使用乙醇对表面进行消毒。使用如图1-2-7所示搅拌器，刮除容器侧面和底部附着产品，然后充分搅拌产品，将粘在搅拌器上的甜炼乳用抹刀或汤匙转移到5L预采样品容器中，重复进行搅拌和采样，直至收集到2～3L样品。进行微生物检样采集时，除了使用无菌技术，还要用勺子将甜炼乳表层20～30mm深的产品移除，然后开始采集样品。进行理化检验、感官检验和微生物检验的样品应该从同一个容器采集。最小采样量和采样温度见表1-2-1。对于有检查口、容量大于500L的散装大罐，取样方法基本与液态乳相同。对于小型预包装产品，取一个或多个预包装产品以获得总样品。

知识点3　冰淇淋、乳粉等乳制品采样具体方法

1. 冰淇淋和冰淇淋半成品等冷冻乳制品取样

（1）取样设备

取样设备长度足以到达产品容器底部的钻孔器，勺子、抹刀和冰淇淋勺。

（2）样品容器

样品容器应放置在适当的隔热容器中并已经充分冷却。

（3）取样方法

取样时产品温度应介于−18～−12℃，如果产品结构紧密，不易取样，可以取预包装产品作为样品，最小采样量见表1-2-1。微生物检验样品取样时应采用无菌技术，使用无菌处理过的冰淇淋勺或抹刀从容器中心区域的产品表面刮取冰淇淋，直至深度至少为10mm，再用无菌处理过的器械从刮出样品中取样。样品取好后尽快转移到无菌处理过的样品容器中，立即关闭容器，置于预冷好的运输容器中。进行理化检验、感官检验和微生物检验的样品从同一个容器中取出。

软冰淇淋是直接从冰淇淋机中出售的冰淇淋。当检测直接销售给顾客的软冰淇淋产品微生物状况时，应采用零售商通常的售卖操作进行取样。当需要检查冰淇淋机的卫生状况时，样品应直接从冰淇淋机中取出。为此，应首先彻底清洗和消毒冰淇淋机出口，排出足够量的产品，然后让冰淇淋机持续工作，装满所需样品的量。

样品贮运温度应在−18℃，在某些情况下甚至更低。

冰淇淋半成品——冰淇淋浓缩原料取样可参照液态乳取样方式，冰淇淋粉的取样可

以参照乳粉的取样。

2. 乳粉和乳粉制品取样

本节内容适用于不同脂肪含量的乳粉、乳清粉、乳蛋白粉及其衍生产品，也适用于粉状乳糖。对于大型散装容器（筒仓）中的粉状产品，在装卸过程中抽取若干小样，混合后用于整批货物取样。取样时应特别注意排除大气湿度的影响。

（1）取样设备

① 取样钎。取样钎要有足够长度，可以到达产品容器的任何取样点。取样钎应该完全由抛光不锈钢制成。图 1-2-8 所示的 A、B 型取样钎均为适用于 30kg 产品容器的取样钎，表 1-2-2 给出了参考尺寸。A 型取样钎的凸边和尖应足够锋利，可以用作刮刀便于取样。

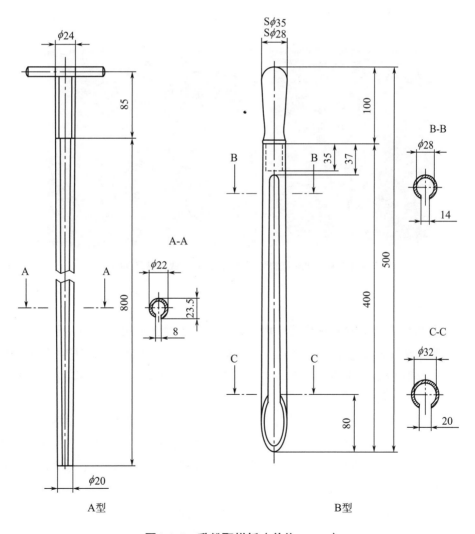

图 1-2-8　乳粉取样钎（单位：mm）

表1-2-2　乳粉取样钎参考尺寸（单位：mm）

名称	A 型（细长型）	B 型（粗短型）
刀片长度	800	400
刀片厚度	1～2	1～2
取样口端内径	18	32
握柄端内径	22	28
取样口端狭缝宽	4	20
握柄端狭缝宽	14	14

② 其他。小铲、勺子或宽刃抹刀。

③ 样品容器。样品容器的容量应使其装满样品的 3/4，并允许在测试前通过摇晃适当混合内容物。

图1-2-9　塑料取样瓶（左）和玻璃取样瓶（右）

（2）取样方法

① 理化检验及感官检验用样品。取样钎及取样容器在使用前洗净、干燥。手握取样钎柄，使取样钎槽口向下，从盛乳粉的包口处以对角线方向插入包中，然后旋转取样钎 180°至槽口朝上，抽出取样钎，将取样钎柄下端的取样口对准盛样容器，倒出样品。取样完成后，立即关闭样品容器。

② 微生物检验用样品。采用无菌技术取样，尽可能从与理化检验和感官检验相同的产品容器中取样。采样设备和样品容器要进行灭菌处理，也可使用一次性无菌取样设备。与理化检验及感官检验的取样方法相同，用无菌取样钎从靠近中心地方取样。样品尽快放入无菌样品容器中，立即关闭。

对于产品表面的微生物检查，应根据特殊说明进行取样。

③ 预包装乳粉取样。未开封预包装乳粉产品可作为样品，可选取一个或多个包装作为样品。最小采样量和贮运温度见表 1-2-1。

知识点4　奶油和干酪采样具体方法

1. 奶油及相关产品取样

此取样方法适用于奶油、有添加剂的奶油、无水奶油及类似产品。

（1）取样设备

① 奶油取样器。奶油取样器要足够长，能斜插到产品容器的底部。使用时根据产品容器的大小酌情选取 A、B、C 型取样器，奶油取样器的温度应与奶油样品的温度相当。A、B、C 型取样器的具体形状和参考数据见图 1-2-10 和表 1-2-3。

② 其他。宽刃刮刀或足够尺寸的刀。

③ 样品容器。除符合一般要求外，质地、容量与奶油样品相适应，不透水、不渗油、密封。建议使用不透明的样品容器，或者将容器用铝箔包裹以防止光氧化。某些情况下，如要测定脂肪率时，样品容器须完全充满惰性气体且密封。

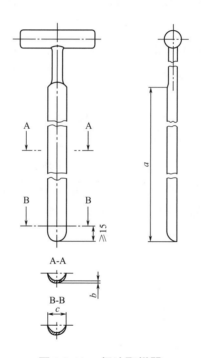

图 1-2-10　奶油取样器

表 1-2-3　奶油取样器参考尺寸（单位：mm）

名称	A 型（长型）	B 型（中型）	C 型（短型）
刀片长度，a	540	220～260	125
刀片中部金属最小厚度，b	1.8	1.5	1.0
距取样口端 15mm 处刀片宽度，c	17	17	11

注：一般使用 B 型，在某些情况下会使用 A 型或 C 型。

（2）取样方法

① 微生物检验样品取样。微生物检验用样品取样采用无菌技术，尽可能从与理化检验和感官检验相同的产品容器中取样。使用刮刀将产品的表面层从取样区域清除，至不小于 5mm 的深度时，手握取样器柄，使取样器槽口向下，以对角线方向插入包装中，然后旋转取样器 180°至槽口朝上，抽出取样器，将取样器下端的端口对准盛样容器，用另一把刀刮出样品，立刻封闭容器。

对于产品表面的微生物检查，应根据特殊说明进行取样。

② 用于理化检验和感官检验的样品取样。应采集足量样品进行感官检查和理化检验，除了不强调无菌技术外，其他与微生物检验样品的取样方法相同。

③ 质量为 1kg 或以下的预包装产品。未开封的预包装产品构成样品，应选取一个或多个包装。最小采样量和可接受采样温度见表 1-2-1。

④ 质量大于 1kg 的散装或预包装产品。对于较大的容器或大于 2kg 的样品，应使用刀将产品切成适合样品盒的一块。该块应用铝箔包好，放入样品容器，切割和包装时应避免产品的任何变形。

⑤ 冻奶油。如果要取样的奶油处于冷冻状态（低于 0℃），则要提高奶油温度，以便使用奶油取样器进行取样。要避免从冻结奶油的边角或边沿取样，因为贮存期间边沿会失去水分，从而导致样品不具有代表性。

奶油的温度可以通过在恒温房间贮存一段时间来提高。温控室应有合适的气流，温度通常为 0 ～ 5℃，25kg 块状物料在这种环境下从 −18℃到 0℃，再到 5℃，所需时间一般为 24 ～ 48h。调温时，应将奶油块外面的硬纸板包装取下，以便于传热。但是不能取下塑料内包装，以防止在调温期间表面水分蒸发或冷凝，使样品水分含量发生变化。专用微波炉可以替代温控室，但不能使用一般微波炉，因为它们容易在块状中心产生"热点"，从而使奶油局部熔化。如果没有专用温控室，也可以在室温下调节温度。

2. 干酪取样

此方法适用于特硬质干酪、硬质干酪、半硬质干酪、半软质干酪、软质干酪、新鲜干酪、酸性凝乳干酪、盐水干酪、预包装干酪、加工干酪、调味加工干酪和干酪产品。

（1）取样设备

① 干酪取样器。使用时其形状和大小与待取样干酪相适应，根据产品的大小酌情选取 A、B、C 型取样器。A、B、C 型取样器的具体形状和参考数据见图 1-2-11、图 1-2-12 和表 1-2-4。

② 刀。刀刃尖，表面光滑。

③ 干酪刀。比较宽的干酪刨刀，通常用于刨成熟的硬质奶酪，窄一点的用于刨软质干酪，见图 1-2-13。具有手柄的干酪刀，用来切干酪片，见图 1-2-14。

④ 刨丝刀。具有足够尺寸和强度，用来刨出干酪丝，见图 1-2-15。

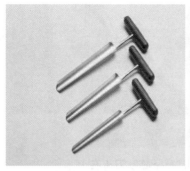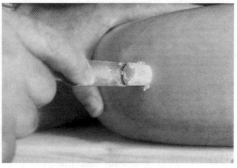

图1-2-11　干酪取样器外形（左），用干酪取样器取样（右）

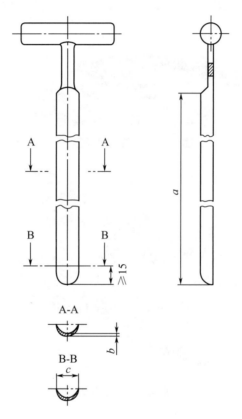

图1-2-12　干酪取样器

表1-2-4　干酪取样器参考尺寸（单位：mm）

名称	A 型（长型）	B 型（中型）	C 型（短型）
刀片长度，a	540	150	125
刀片中部金属最小厚度，b	1.8	0.9	0.7
距取样口端 15mm 处刀片宽度，c	17	14	11

图1-2-13　宽干酪刨刀（左），窄干酪刨刀（右）

图1-2-14　具手柄干酪刀

图1-2-15　刨丝刀

⑤ 样品容器。除符合一般要求外，质地、容量要与干酪样品相适应，不透水、不渗油、密封。

（2）取样方法

① 通则。通常取一整块奶酪，根据形状、质量和类型，如图 1-2-16 ～图 1-2-33 所示，切出一部分或一个扇区、一片或一段芯用作样品。最小取样量和取样温度见表 1-2-1。

取样后，立即将样品（芯、片、扇区、整块干酪等）放入大小、形状合适的样品容器里。为了将样品放入容器，可将样品切块，但不能压缩或研磨。用铝箔、蜡纸（干酪纸）或塑料薄膜裹紧干酪样品甚至样品容器外部，是防止干酪表面发霉的良好措施。

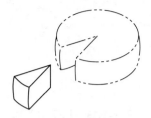

图 1-2-16　扁平圆柱形干酪，
切出 1 个扇区

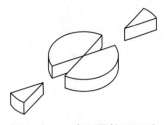

图 1-2-17　扁平圆柱形干酪，
切出两个相对扇区

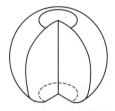

图 1-2-18　球形干酪，切一个扇形，
保持边平整

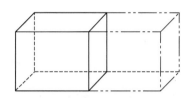

图 1-2-19　最大面是长方形、重 3～5kg 的
长方块干酪，切 1 个长方块

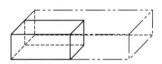

图 1-2-20　最大面是长方形、重 10～20kg
的长方块干酪，切 1 个长方块

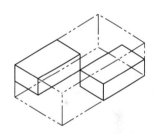

图 1-2-21　最大面是长方形的长方块
干酪，切 2 个长方块

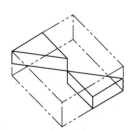

图 1-2-22　最大面是正方形的
方块干酪，切 2 个三角块

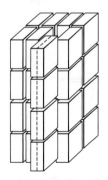

图 1-2-23　包装容器中多于 4 块盐水
干酪时，切 4 个半块作为样品

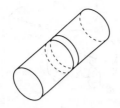

图1-2-24　切出1片干酪取样

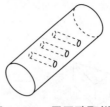

图1-2-25　用干酪取样器取3段样品

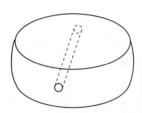

图1-2-26　扁圆柱状干酪，用干酪取样器从侧面取出1段干酪

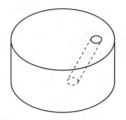

图1-2-27　高圆柱状干酪，使用干酪取样器，从产品顶部切取1段干酪

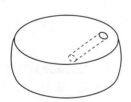

图1-2-28　大型扁圆柱状干酪，使用干酪取样器，从产品顶部切取1段干酪

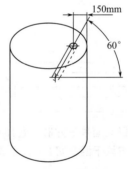

图1-2-29　高圆柱状干酪，使用干酪取样器，从产品顶部切取1段干酪

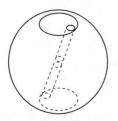

图1-2-30　带有平面的球形干酪，使用干酪取样器，从产品顶部切取2段干酪

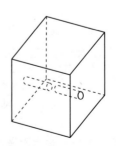

图1-2-31　用取样器在正方块干酪上取样

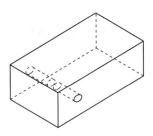

图1-2-32　用取样器在长方块干酪上取样

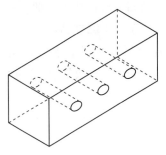

图1-2-33　用取样器在长方块干酪上取样

除非另有规定，无论采用何种取样方法，样品应包括干酪的表层（如霉菌和外皮）。如果有必要检查表层（如检查表层风味），应提供特殊取样说明。通常取样方式与干酪消费习惯有关，不同地区的消费习惯不同，因此干酪取样一般需同时提交特殊的干酪取样报告。

② 微生物检验样品提取。提取微生物检验样品的设备和容器需要无菌处理，取样过程需无菌操作，尽可能从理化检验和感官检验样品的同一个干酪中取样。

③ 理化检验和感官检验样品提取。

a. 除新鲜干酪和盐水、油浸渍干酪的干酪取样：从预包装中提取一个完整干酪作为样品，这种方法通常用于小型干酪、小份干酪或预包装干酪。

切块或者切片取样：去掉干酪的外层包装，而内包装如蜡或表面涂层，不应被移除。使用足够尺寸的干酪刀或干酪切割钢丝切割样品，切片应有足够的厚度。

取芯取样：干酪的外层包装应该去掉，内包装如蜡或表面涂层，不应被移除。如果取样后没有立即进行分析，用铝箔、专用蜡纸（干酪纸）或可关闭的塑料袋包裹干酪样品放入样品容器。

如果样品包括干酪外层，将干酪取样器（图1-2-13）插入干酪中，旋转一圈退出，再用刀将干酪取样器上的整个样品转移到样品容器中。重复该步骤，直到获得足够量样品。样品使用合适的密封材料密封。

如果样品不包括干酪外层，用A型干酪取样器（见表1-2-4）插入干酪大约25mm深，旋转一圈，取出的短芯单独存放，不做样品，稍后用于封取样孔。然后用B型或者C型干酪取样器（见表1-2-4），插入刚才的取样孔中，旋转一圈取出干酪芯，再用刀将干酪取样器上的整个样品转移到样品容器中。重复该步骤，直到获得足够量样品。最后用第一次取出的短芯封住取样孔。

b. 新鲜干酪取样。样品容器应完好无损，直到分析前再打开。应取足够数量的样品，最低取样量和取样温度见表1-2-1。如果是预包装产品，可以取一个或几个预包装产品作为样品。

c. 以盐水、油浸渍等方式销售的干酪抽样。这种干酪，特别是在盐水中浸渍的干酪，成分会随着时间、温度变化而变化。检测实验室应规定样品是否包括盐水、油等。

只要可能，样品通常包括盐水、油等，应该保持干酪样品和盐水或油的最初比例，而且盐水或油能完全覆盖干酪样品。

如果取样包括盐水，盐水应足量，以便完全覆盖干酪。如果不包括盐水，应用滤纸干燥干酪样品，并放置在样品容器中。检测实验室可以规定样品贮存、运输温度。

思政小课堂

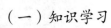 **任务准备**

（一）知识学习

1. 阅读"相关知识点"，扫描二维码，学习课程视频，回答引导问题 1～2。

? 引导问题1：样品采集前需要做哪些准备工作？

_____

_____

? 引导问题2：下列是关于样品采集一般要求的叙述，请判断正误。

（1）用于理化检测的样品，每一批/件次应采集 4 份，检验 1 份、复验 1 份、备查 1 份、仲裁 1 份。

□ √　　　　　　□ ×

（2）四分法是指将原始样品充分混合后堆积在清洁的玻璃板上，压平成厚度在 3cm 以下的圆形，并划成"十"字线，将样品分成四份，取对角的两份混合，再用同样方法分 4 份，取对角的 2 份，直到获得平均样品。

□ √　　　　　　□ ×

（3）采样登记表应包括采样人、采样地址、时间、样品名称、来源、批号、数量、保存条件等信息，只需要授权取样人员签名。

□ √　　　　　　□ ×

（4）采用无菌操作采集的微生物检验用样品应在 24h 内送检。

□ √　　　　　　□ ×

2. 扫描二维码，阅读 GB/T 5009.1—2003《食品卫生检验方法 理化部分 总则》"第 8 章 样品的要求"回答引导问题 3～4。

GB/T 5009.1—2003《食品卫生检验方法 理化部分 总则》

? 引导问题3：样品采集为何要一式三份？液体、半流体饮食品样品如何采集和盛装？

_____

_____

_____

_____

_____

_____

? 引导问题4：预包装食品的同一批号取样数为多少？检验样品如何保留？

_____

_____

_____

_____

_____

_____

_____

3. 扫描二维码，阅读 GB 4789.1—2016《食品安全国家标准 食品微生物学检验 总则》"第 3 章 样品的采集"回答引导问题 5 ～ 6。

引导问题5： 简述食品微生物检验样品采集的采样原则。

引导问题6： 在某食品微生物检验样品采集的三级采样方案中显示：$n=5$，$c=2$，$m=100CFU/g$，$M=1000CFU/g$，请解释其含义。

GB 4789.1—2016
《食品安全国家
标准 食品微生物
学检验 总则》

_____

_____

_____

_____

_____

_____

_____

4. 扫描二维码，阅读 GB 4789.18—2024《食品安全国家标准 食品微生物学检验 乳与乳制品采样和检样处理》第 3 章采样方案和第 4 章检样的处理，回答引导问题 7 ～ 8。

引导问题7： 简述乳与乳制品微生物学检验样品采样原则和采样方案。

GB 4789.18—
2024《食品安全国
家标准 食品微生物
学检验 乳与乳制品
采样和检样处理》

_____

_____

_____

_____

_____

_____

引导问题8： 简述乳与乳制品微生物学检验样品的处理方法。

_____

_____

_____

_____

_____

_____

_____

_____

_____

（二）实验方案设计

通过学习"知识点4"，对硬质干酪、软质干酪和盐水浸干酪分别进行取样，完成表1-2-5。

表1-2-5　　实验方案设计

组长		组员	
学习项目		学习时间	
依据标准			
准备内容	仪器设备 （规格、数量）		
	试剂耗材 （规格、浓度、数量）		
	样品		
任务分工	姓名	具体工作	
具体步骤			

✖ 任务实施

在实验室按照"知识点4"干酪取样方法，对提供的干酪样品进行取样，填写取样标签（表1-2-6）和干酪取样报告。

表1-2-6　取样标签

产品名称		编号	
取样日期		取样人	
样品用途			
检验（　）	复验（　）	备查（　）	微生物检验（　）

干酪取样报告

1. 样品

产品识别号：＿＿＿＿＿＿＿＿＿＿＿＿＿＿＿＿＿＿＿＿＿＿＿＿＿＿＿

样品描述：＿＿＿＿＿＿＿＿＿＿＿＿＿＿＿＿＿＿＿＿＿＿＿＿＿＿＿＿＿

批次/代码/标签：＿＿＿＿＿＿＿＿＿＿＿＿＿＿＿＿＿＿＿＿＿＿＿＿

有效期：＿＿＿＿＿＿＿＿＿＿＿＿＿＿＿＿＿＿＿＿＿＿＿＿＿＿＿＿＿

干酪品种/成熟时间：＿＿＿＿＿＿＿＿＿＿＿＿＿＿＿＿＿＿＿＿＿＿＿

干酪表面（勾选所有适用的选项）：

☐无皮的　　☐有外皮　　☐涂抹外皮　　☐包衣外皮　　☐包衣类

样品编号：＿＿＿＿＿＿＿＿＿＿＿＿＿＿＿＿＿＿＿＿＿＿＿＿＿＿＿＿

样品质量（大约）：＿＿＿＿＿＿＿＿＿＿＿＿＿＿＿＿＿＿＿＿＿＿＿＿

包装类型（勾选所有适用的选项）：

☐预包装　　☐铝膜　　☐塑料　　☐真空　　☐气调包装

2. 来源

生产商/贸易商名称：＿＿＿＿＿＿＿＿＿＿＿＿＿＿＿＿＿＿＿＿＿＿＿

地址：＿＿＿＿＿＿＿＿＿＿＿＿＿＿＿＿＿＿＿＿＿＿＿＿＿＿＿＿＿＿＿

生产日期：＿＿＿＿＿＿＿＿＿＿＿＿＿＿＿＿＿＿＿＿＿＿＿＿＿＿＿＿＿

取样时间：＿＿＿＿＿＿＿＿＿＿＿＿＿＿＿＿＿＿＿＿＿＿＿＿＿＿＿＿＿

实验室地址：＿＿＿＿＿＿＿＿＿＿＿＿＿＿＿＿＿＿＿＿＿＿＿＿＿＿＿

取样人姓名/签名：＿＿＿＿＿＿＿＿＿＿＿＿＿＿＿＿＿＿＿＿＿＿＿＿

取样人职务：＿＿＿＿＿＿＿＿＿＿＿＿＿＿＿＿＿＿＿＿＿＿＿＿＿＿＿

见证人姓名/签名：＿＿＿＿＿＿＿＿＿＿＿＿＿＿＿＿＿＿＿＿＿＿＿＿

见证人职务：＿＿＿＿＿＿＿＿＿＿＿＿＿＿＿＿＿＿＿＿＿＿＿＿＿＿＿

3. 取样

取样条件/环境温湿度：＿＿＿＿＿＿＿＿＿＿＿＿＿＿＿＿＿＿＿＿＿＿＿

防腐剂：＿＿＿＿＿＿＿＿＿＿＿＿＿＿＿＿＿＿＿＿＿＿＿＿＿＿＿＿＿＿

取样设备灭菌方（勾选所有适用的选项）：

□取样人　　□实验室　　□其他

取样方法（勾选所有适用的选项，注意差别）：

□　　　　　□　　　　　□　　　　　□

□　　　　　□　　　　　□　　　　　□

□　　　　　□　　　　　□　　　　　□

□　　　　　□　　　　　□　　　　　other □

4. 取样细节

样品包括水洗外皮吗？　　　　　　　　　　　　　□是　　　□否

样品包括外皮吗？　　　　　　　　　　　　　　　□是　　　□否

如果没有外皮，多少毫米厚度的外皮被切掉了？_____mm。

样品被磨碎了？　　　　　　　　　　　　　　　　□是　　　□否

5. 样品处理

如何在检测前将样品进行处理？

□包括表面

□去除_____mm 厚表面，相当于_____%（质量百分比）原始样品被去除掉。

□磨碎样品，用了以下方法：_____

□其他处理，例如：_____

任务评价

　　每个学生完成学习任务的成绩评定，按学生自评、小组互评、教师评价三阶段进行，并按自评占 20%、互评占 30%、师评占 50% 作为每个学生综合评价结果，填入表 1-2-7。

表 1-2-7　　进行乳制品样品采集学习情况评价表

评价项目	评价标准	满分	评价分值			得分
			自评	互评	师评	
素质目标	养成认真负责、一丝不苟的工作态度，培养和谐畅通，协同合作的团队意识	20				
知识目标	掌握样品采样原则	20				
	掌握各种乳制品采样要求	20				
技能目标	能正确进行干酪采样操作	20				
	能正确填写干酪取样标签和取样报告	20				
合计		100				
综合评价						

模块检测

（总分100分）

一、选择题（20分，每小题1分）

1. 下列不属于乳制品的是（　　）。

a. 干酪、再制干酪　　　　b. 一般乳粉、配方乳粉　　　　c. 蛋白粉

2. 牛乳中占比最多的成分是（　　）。

a. 水分　　　　　　　　b. 蛋白质　　　　　　　　c. 脂肪

3. 牛乳中的主要脂肪成分是（　　）。

a. 甘油三酯　　　　　　b. 甾醇　　　　　　　　c. 磷脂

4. 乳糖分子的组成为（　　）。

a. 葡萄糖和果糖　　　　b. 半乳糖和葡萄糖　　　　c. 葡萄糖和葡萄糖

5. 乳的物理性质通常指（　　）。（多选）

a. 色泽、气味及组织状态　b. 乳的相对密度　　　　c. 乳的酸度和冰点

6. 乳的相对密度平均为（　　）。

a.1.000　　　　　　　　b.1.032　　　　　　　　c.1.132

7. 乳的酸度通常为（　　）。

a.11 ～ 14°T　　　　　　b.14 ～ 18°T　　　　　　c.18 ～ 22°T

8. 中国乳制品标准体系中，产品标准 15 项中不包括（　　）。

a.GB 19302—2010《食品安全国家标准 发酵乳》

b.GB/T 21732—2008《食品安全国家标准 含乳饮料》

c.GB 5420—2021《食品安全国家标准 干酪》

9. 国际乳制品标准体系包括（　　）。（多选）

a.ISO 的《乳与乳制品标准体系》

b.CAC 的《乳与乳制品标准体系》

c.IDF 的《乳与乳制品标准体系》

10. 样品采集工作开始前应做好准备工作，包括准备（　　）。

a. 样品采集文书、装备等

b. 样品采集文书、工具与容器等

c. 样品采集文书、工具与容器、装备等

11. 食品样品采集应该按照国家标准中规定的方法和要求进行，并做好样品采集信息记录，做到信息（　　）。

a. 选择性记录

b. 完整、准确、清晰，具备溯源性

c. 按照客户要求记录

12. 理化检验项目样品，每一批 / 件次应采集 3 份，用作（　　）。

a. 检验 1 份、复验 1 份、微生物检验 1 份

b. 检验 1 份、复验 1 份、备查或仲裁 1 份

c. 检验 1 份、复验 1 份、理化检验 1 份

13. 进行理化检测时，预包装食品的同一批号 250g 以上包装采集数（　　），250g 以下包装采集数（　　）。

    a. 不少于 6 个、不少于 20 个　　　　　　　b. 不少于 8 个、不少于 10 个

    c. 不少于 6 个、不少于 10 个

14. 采样容器根据检验项目，需用（　　）。

    a. 硬质玻璃瓶或纸制品　　b. 硬质玻璃瓶或聚乙烯制品　　c. 纸制品或聚乙烯制品

15. 样品采集后，根据被采集样品的特质进行包装和签封，并（　　）。

    a. 合理进行贮藏运输　　　b. 冷藏　　　　　　　　　　c. 冷冻

16. 送达承检机构的采集样品，若出现下列情况：①采集的样品出现包装破损；②采集的样品数量不足；③封签不合格及封签内容辨认不清，或遮盖并影响原有产品标签标志内容识别；④（　　）；⑤采集的样品形态发生了变化（如冷冻的样品送到检验机构时已经融化），或发霉、变质等。应及时销毁并记录，且应立即重新组织样品采集。

    a. 采集样品的品种与样品采集方案要求的品种不符合

    b. 采集样品的品种与样品采集方案要求的品种符合

    c. 采集样品量过大

17. 一般样品在检验结束后，应保留（　　），以备需要的复检，易变质食品不予保留，保存时应加封并尽量保持原状。

    a. 一个月　　　　　　　　b. 一日　　　　　　　　　　c. 一周

18. 非灭菌牛乳取样时，在避免发泡前提下，充分混匀样品，然后立即取样，最小采样量和采样温度为（　　）。

    a.300mL 或 300g，1～5℃　　　　　　　　b.100mL 或 100g，1～5℃

    c.100mL 或 100g，0～5℃

19. 乳粉取样时，取样钎及取样容器在使用前洗净、干燥。手握取样钎柄，使取样钎槽口向（　　），从盛乳粉的包口处以对角线方向插入包中。

    a. 上　　　　　　　　　　b. 侧面　　　　　　　　　　c. 下

20. 干酪取样时，如果样品包括干酪外层，将干酪取样器插入干酪中，旋转一圈退出，再用刀将干酪取样器上的（　　）样品转移到样品容器中。

    a. 少许　　　　　　　　　b. 部分　　　　　　　　　　c. 整个

二、判断题（20分，每小题1分，对的画"√"，错的画"×"）

1. 乳制品主要包括液态乳类、发酵乳类、炼乳类、乳粉类、乳脂制品、干酪类、冰淇淋类等七大类。　　　　　　　　　　　　　　　　　　　　（　　）

2. 乳含有幼小动物生长发育所需要的全部营养成分，包括水分、蛋白质、脂类、碳水化合物、矿物质、维生素、酶类、气体和多种微量成分等。　　（　　）

3. 牛乳中蛋白质的含量为 2.9%～5.0%。　　　　　　　　　　　　（　　）

4. 牛乳中乳脂肪的含量为 2.5%～6.0%。　　　　　　　　　　　　（　　）

5. 牛乳中乳糖的含量为 3.6%～5.5%。　　　　　　　　　　　　　（　　）

6. 牛乳的总酸度包括固有酸度和发酵酸度。　　　　　　　　　　（　　）

7. 卫生部于 2010 年 3 月 26 日公布了 GB 19301—2010《食品安全国家标准 生乳》

等 66 项乳品安全国家标准。乳品安全国家标准包括乳品产品标准 15 项、生产规范 2 项、检验方法标准 49 项，但部分标准在 2018 年《中华人民共和国食品安全法》修正后更新。（　　）

8. 理事会是 IDF 最重要的研究、决策与协调机构，由 IDF 高级管理人员、会员国代表和行业代表组成。其下设机构为管理委员会、学术委员会和秘书处。（　　）

9. CAC 是国际食品法典委员会（Codex Alimentarius Commission）的英文简写。
（　　）

10. 样品采集一般包括采集前准备、现场采集、样品送检、无法满足检验要求样品的处理和采集工作结束等五个步骤。（　　）

11. 用于理化检测的样品，每一批 / 件次应采集 4 份，检验 1 份、复验 1 份、备查 1 份、仲裁 1 份。（　　）

12. 四分法是指将原始样品充分混合后堆积在清洁的玻璃板上，压平成厚度在 3cm 以下的圆形，并划成"十"字线，将样品分成四份，取对角的两份混合，再用同样方法分四份，取对角的两份，直到获得平均样品。（　　）

13. 采样登记记录内容至少包括采样人、采样地址、时间、样品名称、来源、批号、数量、保存条件等信息，需要授权取样人员签名。（　　）

14. 采用无菌操作采集的微生物检验用样品应在 24h 内送检。（　　）

15. 样品采集人员在进行无菌样品采集时，应先洗手，然后用 95% 酒精棉球消毒手，穿戴经灭菌后的防护衣、口罩、帽子、一次性无菌手套等，凡未经消毒的手、臂等均不可直接接触样品。（　　）

16. 进行生鲜乳取样时，为了避免发泡，无须混匀样品，打开检验口立即取样。
（　　）

17. 进行冰淇淋取样时，如果产品结构紧密，不易取样，可以将产品融化后取样。
（　　）

18. 进行乳粉取样时，手握取样钎柄，使取样钎槽口向上，从盛乳粉的包口处以对角线方向插入包中，然后旋转取样钎 180° 至槽口朝下，抽出取样钎，将取样钎柄下端的取样口对准盛样容器，倒出样品。（　　）

19. 如果要取样的奶油处于冷冻状态（低于 0℃），可以使用一般微波炉使奶油局部融化，便于取样。（　　）

20. 进行干酪取样时，为了将样品放入容器，可将样品切块、压缩或研磨。（　　）

三、填空题（20 分，每题 1 分）

1. 牛乳中蛋白质平均含量为_____，这些蛋白质可以分为_____、_____和_____三大类。

2. 乳的白色是源于乳中酪蛋白酸钙－磷酸钙胶粒和_____等微粒对光的反射和折射。

3. 牛乳的感官滋味略甜是由于乳中含有_____，略带咸味是由于乳中含_____。

4. 牛乳酸度可用吉尔涅尔度（°T）表示，正常新鲜牛乳的酸度为_____°T。

5. ISO 目前颁布乳和乳制品相关标准_____项，标准按应用范围可分为_____标准、_____检测标准和_____检测标准。

6. ISO 乳和乳制品基础标准_____项，主要为_____、_____、_____、_____等。

7. ISO 乳和乳制品质量检测标准_____项，包含了_____、_____、_____、_____、_____、维生素等六大营养素的检测标准及_____检测标准。

8. ISO 乳和乳制品安全检测标准_____项，包含了_____、_____、_____、_____、污染物等检测标准。

9. 截至 2011 年，CAC 乳与乳制品法典委员会已制定出乳与乳制品产品标准_____项、指南文件_____项，均收录在食品法典第_____卷中。

10. 样品标签内容包括产品名称、编号、日期和_____。

11. 在某食品微生物检验样品采集的三级采样方案中显示：$n=5$，$c=2$，$m=100CFU/g$，$M=1000CFU/g$，其中 n、c、m、M 的含义为 n_____、c_____、m_____、M_____。

12. 牛乳和乳清取样时，可用手动搅拌器搅拌小型贮乳罐中的乳，使之混匀。大型贮乳罐需开动机械搅拌装置至少_____min，使乳充分混匀。

13. 对于散装乳，除非需要单独检测每个贮罐的样品，可以从每个贮罐中抽取_____，抽样量与贮罐容积成_____比，然后将所抽样品混合后再进行取样，取样报告中须注明每个贮罐的_____。

14. 乳粉微生物检验用样品采样，采样设备和样品容器要进行_____，也可使用一次性_____。与理化检验及感官检验的取样方法相同，用无菌取样钎从靠近中心地方取样。样品尽快放入_____中，立即关闭。

15. 乳粉采样用样品容器的容量应使其装满样品的_____，并允许在测试前通过摇晃适当混合内容物。

16. 在对炼乳进行取样时，如果难以获得足够的同质性，可在产品容器的不同位置用相同的采样设备采集_____，再混合以获得具有代表性的实验室样品。如果样品是混合物，请在标签和取样报告中注明。

17. 冰淇淋取样时产品温度应介于_____之间，冰淇淋样品贮运温度应在_____，在某些情况下甚至更低。

18. 奶油微生物检验用样品采样时，使用刮刀将产品的表面层从取样区域清除，至不小于_____的深度时，手握取样器柄，使取样器槽口向_____，以对角线方向插入包装中，然后旋转取样器_____至槽口朝上，抽出取样器，将取样器下端的端口对准盛样容器，用另一把刀刮出样品，立刻封闭容器，所用器具均为无菌状态。

19. 干酪和奶油取样容器，除符合一般要求外，还要_____、_____、密封。

20. 干酪取样后，立即将样品（芯、片、扇区、整块干酪等）放入大小、形状合适的样品容器里。为了将样品放入容器，可将样品切块，但不能_____。

四、简答题（40分）

1. 简述乳制品的概念和分类。

2. 我国乳制品标准的分类及主要标准有哪些？

3. 简述乳制品取样原则。

模块 1
模块检测答案

陕西省"十四五"职业教育规划教材
陕西省职业教育在线精品课程配套教材

乳制品检测技术

生乳的检测

马兆瑞　姚瑞祺　主编

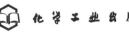
化学工业出版社
·北　京·

目　录

生乳是从符合国家有关要求的健康奶畜乳房中挤出的无任何成分改变的常乳，是所有乳制品加工的原料，生乳的质量直接关系到乳制品质量的好坏，GB 19301—2010《食品安全国家标准 生乳》（含第 1 号修改单）对生乳的定义、感官要求（色泽、滋味、气味、组织状态）、理化指标（冰点、相对密度、蛋白质含量、脂肪含量、杂质度、非脂乳固体含量、酸度）、污染物限量、真菌毒素限量、微生物限量、农药残留限量和兽药残留限量及其检验方法都做了明确规定。本模块根据生乳重点检测指标设置了：用乳成分分析仪检测生乳质量、生乳酸度测定、生乳杂质度测定、生乳抗生素残留检测、生乳菌落总数测定等 5 个学习任务。

GB 19301—2010
《食品安全国家
标准 生乳》
（含第1号修改单）

学习任务2-1　用乳成分分析仪检测生乳质量

📋 任务描述

用乳成分分析仪测定生乳质量指标，判断生乳质量。

📖 学习目标

（一）素质目标

养成安全用电、用水和清洁卫生的实验室工作习惯。养成严格按照说明使用、维护仪器的工作习惯。

（二）知识目标

① 了解国标中规定的生乳各项指标要求及检测方法。
② 说明 UL40BC 乳成分分析仪日常操作、清洗和定标步骤。

（三）技能目标

① 能规范使用乳成分分析仪检测生乳质量指标。
② 能规范清洗和维护乳成分分析仪。

🧲 相关知识点

PPT　　　课程视频

🎙 知识点1　UL40BC乳成分分析仪检测原理

UL40BC 乳成分分析仪（如图 2-1-1）采用超声法检测物质。超声波在液体中传播时，其传播的速度、信号衰减和辐射阻抗等性质与介质有关，声速、传播衰减与液体介质的浓度在一定范围内存在线性关系。因此，可通过用超声法检测液体中的声速或传播衰减来计算液体的浓度。对多组分液体介质，如果各组分的相互作用可忽略的话，可以建立多变量模型同时测定多个组分的浓度。

超声波测试有以下几个特点：超声波仪器采用测量分散物质的体积浓度方式，测量对象一般不受限制，适用于悬浮粒子等不均匀物质的测量；输出信号呈直线标度，对于很宽的浓度范围都可以测量与控制；如果液体中存在着气泡，超声波散射增加，使测量精度降低甚至无法测量，因此，应用超声波原理检测的一个原则就是检测系统不能混入气泡。

图2-1-1　UL40BC乳成分分析仪

知识点2　UL40BC乳成分分析仪日常操作

思政小课堂

1.开机

打开 UL40BC 乳成分分析仪后面的电源开关。

2.预热

开启电源后，液晶屏显示"正在预热"字样，仪器处于预热状态。预热完成后仪器显示"优创科技"，表明仪器已预热结束，可以使用。夏季预热 15min，春秋 30min，冬季 60min。

3.清洗

① 开始检测样品前的清洗。每天开机预热结束后，要用 35 ～ 40℃的蒸馏水自动清洗，再用奶样自动清洗。清洗方法是按 功能 键一次，用 上下 键搜索找到"清洗仪器"。按 确认 键一次，仪器显示"循环次数 01"表示 1 个清洗流程。如果此时用 向上 键增加数字变成"02"就代表进行 2 个清洗流程。再按 确认 键一次，出现"05"代表仪器开始往复吸吐 5 次，清洗完了之后就可以检样了。

② 检测样品期间的清洗。连续检测 20 个样品需要进行两个流程的自动清洗，一定要用 40℃的蒸馏水；检测中间间断时间超过 10min 应该用 40℃蒸馏水予以清洗。连续开机工作 3h 应关机休息 30min。

4.用稳定性样品校正

稳定性样品是用于校正仪器，使仪器分析结果稳定的样品，如牛乳样品。要准备一套稳定性样品，每天要用此样品对仪器进行检测。

5.检测样品

样品中的脂肪被完全分散开是很重要的，因此在测定前必须预热到 40℃，保持 2min，要避免过长和过热加热产品，这样会导致脂肪分解。加热后摇一摇样品，将牛乳中可能存在的固体溶解，但要避免用力摇，使样品中产生气泡。之后要将其降温至 15 ～ 20℃，开始检测样品。方法是按 功能 键一次，用 上下 键搜索找到"牛乳检测"。按 确认 键一次，仪器显示样品编号"001"，按 向下 键移动光标，按 向上 键增加数值。编完样品编号后，按 确认 键，出现牛乳千克数量，用同样方法输入千克数。按 确认 键开始吸入奶样检测。

6.结果打印

检测结果出来后，按 向上 键，打印检测结果。

7.关机

日工作结束后，要用 40℃ 的蒸馏水自动清洗，清洗完了之后，按 功能 键返回到检测牛乳状态，然后再关机。

🎙 知识点3　UL40BC乳成分分析仪清洗和注意事项

乳成分分析仪的清洗

1.仪器的使用后清洗

每日工作结束后的清洗很重要，通常采用手动清洗。

（1）关机后，要用推进杆的另一端逆时针方向旋开机顶盖，将推进杆插入蓄液管底座。

（2）在吸样管下放置 40℃ 以下蒸馏水，上下抽动推进杆数次，洗出残留物，将废液弃掉。

（3）在吸样管下放置"优创"专用清洗液，用推进杆吸入仪器内，停留 1h。之后上下抽动推进杆数次，洗出残留物，将废液弃掉。

（4）用 35 ～ 40℃ 的蒸馏水洗至中性。

（5）在吸样管下放置空杯，用推进杆将仪器内残留水完全排出。取出推进杆，将机顶盖顺时针方向旋紧（不要过紧）。

2.每周一次的清洗

采取同上面一样的手动清洗方法，吸入 4% 浓度的氢氧化钠溶液。在仪器内停留 5min，用上下抽动推进杆数次，再用蒸馏水洗净。

3.注意事项

UL40BC 乳成分分析仪的工作环境要求室温 15 ～ 30℃、相对湿度 30% ～ 80%。

牛乳样品检测要求在 15 ～ 30℃。如果奶样出现表面结膜，凝结挂壁，将奶样加热至 40 ～ 45℃，充分搅拌均匀再冷却至 30℃以下进行检测，特别是经过冷藏的牛乳。经过反复吸吐的牛乳不可以用来检测，否则会影响结果。

每天要检查仪器密封情况。检测牛乳时，吸入样品以后，液晶显示屏出现一个小黑格时，把奶样瓶拿走，看看进样口处是否滴奶，本机器要求不超过一滴。如果有滴奶现象，要打开上盖，检查密封情况。

 ## 知识点4　UL40BC乳成分分析仪定标

1.仪器的定标

选 5 ～ 10 个新鲜标准样品（最好是有梯度的），将标准样品混匀之后分成两部分，一部分用基准法测得手工数据，另一部分加热至 40℃，再冷却至 30℃用于定标。先用仪器像正常检样一样检测，记录检测结果，再用手工数据减去检测数据而求得偏差，再计算出平均差，它就是定标时要输入的数据，再按如下方法定标。

按功能键一次，用上下键搜索找到"定标"，按确认键一次，仪器显示"定标密码 1"用搜索键输入"11"，按确认键一次；仪器显示"定标密码 2"用搜索键输入"10"，按确认键一次；仪器显示"定标密码 3"用搜索键输入"11"，按确认键一次，仪器进入"存储定标值"功能，用搜索键选择要定标项目。用上下键改变数值来输入偏差。按确认键一次。每定标完一个项目，机器都要检测一下样品，看看定标效果。接下来调整第二项，依次类推，直至所要调整项目完成。

2.电导率的定标

健康牛乳的电导率值是在 4 ～ 6ms/cm（18℃）。其步骤是：

（1）开机预热以后，用 40℃的蒸馏水对仪器进行手动清洗。

（2）再用缓冲溶液自动清洗，用后的缓冲溶液弃掉。

（3）按功能键一次，用上下键搜索找到"定标"，按确认键一次，仪器显示"定标密码 1"用搜索键输入"11"，按确认键一次；仪器显示"定标密码 2"用搜索键输入"10"，按确认键一次；仪器显示"定标密码 3"用搜索键输入"11"，按确认键一次，仪器进入"存储定标值"功能，用搜索键选择电导率项目。按确认键，出现"放入标准液"，将缓冲剂置于吸样口下，按确认键，出现"检测牛乳"，稍等片刻，出现"定标完成"。按功能键，仪器回到待机状态。将缓冲剂弃掉。

（4）重复步骤（3）二次，以达到最佳定标效果。

3.定标的频率

每日用稳定性标准样品对仪器进行一次稳定性的监控，以此监控数据来排查其硬件和软件的稳定性。稳定性标准样品是同一批次同一时间段产品，每周更换一次。

标准样品扫描结果和标准值偏差在 ±0.02 范围内，可在检测样品结果加减该校正值，超出此范围应立即进行定标。如一段时间内，扫描值普遍偏低或偏高，则选择 3 个浓度梯度的稳定性标准样品比对基准法测得手工数据，看趋势，如普遍偏低或偏高，就要定标。

任务准备

（一）知识学习

1.扫描二维码，学习 GB 19301—2010《食品安全国家标准 生乳》（含第 1 号修改单）。简述生乳各项指标要求及检验方法。

_____

_____

2.阅读本任务"相关知识点"，扫描二维码，学习课程视频，回答引导问题 1 ～ 3。

? **引导问题1：** 以下关于UL40BC乳成分分析仪日常操作步骤的叙述，正确打 √ 错误打×：

（1）开机，打开 UL40BC 乳成分分析仪的电源开关。　　　　　　（　　）

（2）预热，开启电源后，液晶屏显示"正在预热"字样，仪器处于预热状态。10min 后仪器预热结束，可以使用。　　　　　　　　　　　　　　（　　）

（3）开机预热结束后，用 35 ～ 40℃蒸馏水自动清洗，再用奶样自动清洗。（　　）

（4）连续检测 20 个样品需要进行 5 个流程的自动清洗，一定要用 0℃的蒸馏水。

　　　　　　　　　　　　　　　　　　　　　　　　　　　　　　（　　）

（5）要准备一套稳定性标准样品，每周要用此样品对仪器进行检测。　（　　）

（6）样品在测定前必须预热到 40℃，保持 2min，之后要将其降温至 15 ～ 20℃，开始检测，是为了让样品中蛋白质变性。　　　　　　　　　　　　（　　）

（7）每日工作结束后，要用 40℃的蒸馏水自动清洗，清洗完了之后，直接关机。

　　　　　　　　　　　　　　　　　　　　　　　　　　　　　　（　　）

? **引导问题2：** 列举UL40BC乳成分分析仪清洗方法和频率，填入表2-1-1。

表2-1-1　UL40BC乳成分分析仪清洗方法和频率

序号	清洗名称	清洗方法	频率
1	检测样品前清洗		
2	检测样品期间清洗		
3	每日工作后清洗		
4	每周一次的清洗		

? **引导问题3：** UL40BC乳成分分析仪为什么要进行定标？如何进行？

_____

_____

_____

（二）实验方案设计

通过学习相关知识点，完成表 2-1-2。

表 2-1-2　实验方案设计

组长		组员	
学习项目		学习时间	
依据标准			
准备内容	仪器设备 （规格、数量）		
	试剂耗材 （规格、浓度、数量）		
	样品		
任务分工	姓名	具体工作	
具体步骤			

任务实施

（一）检测生乳样品

开机预热后，清洗、校正、检测生乳样品，将测定结果打印，记录入表2-1-3。

表2-1-3　UL40BC乳成分分析仪检测生乳质量记录

样品名称：　　　　　　　　样品状态：

生产单位：　　　　　　　　检验人员：　　　　　　　　审核人员：

检验日期：　　　　　　　　环境温度/℃：　　　　　　　相对湿度/%：

检验方法：

主要设备：

样品编号	脂肪/（g/100g）	蛋白质/（g/100g）	非脂乳固体/（g/100g）	乳糖/（g/100g）	灰分/（g/100g）	相对密度	冰点/℃	含水率/%	pH值	电导率/（mS/cm）	温度/℃

结果判定：

（二）清洗仪器

工作完成后，按照"知识点3"对仪器进行清洗，完成表2-1-4。

表2-1-4　UL40BC乳成分分析仪清洗维护记录单

工作项目	具体操作内容	维护人	责任人
检测样品前清洗			
检测样品期间清洗			
每日工作后清洗			
每周一次的清洗			
检查气密性			

（三）仪器定标

利用稳定性标准样品对 UL40BC 乳成分分析仪进行定标，定标结果记录入表 2-1-5。

表 2-1-5　UL40BC 乳成分分析仪定标记录单

工作项目	具体操作内容	定标人	责任人
日常监控			
仪器定标			
电导率定标			

📚 任务评价

　　每个学生完成学习任务成绩评定，按学生自评、小组互评、教师评价三阶段进行，并按自评占20%，互评占30%，师评占50%作为每个学生综合评价结果，填入表2-1-6。

表2-1-6　学习情况评价表

评价项目	评价标准	满分	评价分值			得分
			自评	互评	师评	
素质目标	安全用电、用水，保持清洁卫生	10				
	按说明使用维护仪器	10				
知识目标	能简述国标中规定的生乳各项指标要求及检验方法	10				
	熟知乳成分分析仪日常操作、清洗和定标步骤	10				
技能目标	能用正确检测样品	20				
	能正确清洗维护仪器	20				
	能对仪器进行定标	20				
合计		100				

综合评价

学习任务2-2　生乳酸度测定

任务描述

熟悉 GB 5009.239—2016《食品安全国家标准 食品酸度的测定》，利用酚酞指示剂法对生乳进行酸度测定。

学习目标

（一）素质目标

形成依据国家标准，规范操作的工作习惯。

（二）知识目标

① 能归纳 0.1000mol/L 氢氧化钠溶液配制和标定的具体步骤。
② 能制定酚酞指示剂法测定生乳酸度的具体实验方案。

（三）技能目标

① 能进行基准物质的正确称量和氢氧化钠标准溶液的配制。
② 能对氢氧化钠标准溶液进行标定。
③ 能测定生乳酸度并进行结果计算。
④ 能规范进行数据记录与处理，并做出评价报告。

相关知识点

PPT　　　课程视频

 ### 知识点1　乳的酸度和表示方法

1.乳的酸度

刚挤出的新鲜乳是偏酸的，这是由于乳中的蛋白质、酸性氨基酸、柠檬酸盐、磷酸盐及二氧化碳等酸性物质所造成，这种酸度称为固有酸度或自然酸度。挤出后的乳在微生物作用下进行乳酸发酵，导致乳的酸度逐渐升高，这部分酸度称为发酵酸度。固有酸度和发酵酸度总和称为总酸度。乳的酸度越高，乳蛋白质对热的稳定就越低，因此原料乳验收时酸度是一个必检项目，乳品生产过程中也经常需要测定乳的酸度。

2.乳的滴定酸度

乳酸度的表示方式有多种。我国乳品工业中常用的酸度，是指以 0.1mol/L 氢氧化钠标准碱溶液以滴定法测定的滴定酸度。滴定酸度亦有多种测定方法及其表示形式，我国滴定酸度用吉尔涅尔度（°T）或乳酸百分率（%）来表示。滴定酸度随试样稀释程度不同而不同，如同一个试样牛乳，分不稀释、加 1 倍水稀释、加 9 倍水稀释三组，然后分别测定其酸度，结果分别为 0.172%、0.149%、0.110%，所以在做酸度测定时一定要按照滴定标准程序操作，否则结果就不准确。

（1）吉尔涅尔度（°T）

测定吉尔涅尔度（°T），以酚酞为指示剂，中和 100ml 乳消耗 0.1mol/L 氢氧化钠标准溶液 xmL，即 x°T。如消耗 18mL 即为 18°T。正常新鲜牛乳的吉尔涅尔度为 10～18°T。具体方法为，取 10mL 牛乳，加 20mL 蒸馏水予以稀释，再加 0.5mL 酒精酚酞指示剂，然后用 0.1mol/L 氢氧化钠溶液滴定，按消耗的 0.1mol/L 氢氧化钠溶液的毫升数（乘以 10 即为中和 100mL 牛乳所消耗的 0.1mol/L 氢氧化钠溶液的毫升数）计算。

（2）乳酸百分率（%）。用乳酸百分率表示滴定酸度时，可按式（2-2-1）进行计算：

$$乳酸（\%）=\frac{0.1mol/L\ NaOH体积（mL）\times 0.009}{测定乳样质量（g）}\times 100\% \tag{2-2-1}$$

正常新鲜牛乳的滴定酸度用乳酸百分率表示时约为 0.136%～0.162%，一般为 0.15%～0.16%。

3. 乳的pH值

若从酸的含义出发，酸度可用氢离子浓度指数（pH 值）来表示，pH 值可称为离子酸度或活性酸度。正常新鲜牛乳的 pH 值为 6.4～6.8，而以 pH 值 6.5～6.7 居多。一般酸败乳或初乳 pH 值在 6.4 以下，乳腺炎乳或低酸度乳 pH 值在 6.8 以上。

 知识点2　生乳酸度测定方法和原理

以酚酞作为指示剂，用 0.1000mol/L 氢氧化钠标准溶液滴定至中性，消耗氢氧化钠溶液的体积数，经计算确定试样的酸度。

 知识点3　0.1000mol/L氢氧化钠溶液的配制和标定

碱式滴定管的使用

1. 试剂和材料

除非另有说明，本方法所用试剂均为分析纯，水为 GB/T 6682—2008 规定的三级水。

① 试剂：邻苯二甲酸氢钾（基准级）、氢氧化钠、酚酞。

② 酚酞指示液（10g/L）配制：称取 1.0g 酚酞溶于 75ml 体积分数为 95% 的乙醇中，并加入 20mL 水，然后滴加 0.1mol/L 氢氧化钠溶液至微粉色，再加入水定容至 100mL。

2. 仪器和设备

① 天平：感量为 0.1mg。

② 碱式滴定管：50mL，最小刻度为 0.1mL。

3.操作步骤

称取 110g 氢氧化钠，溶于 100mL 无二氧化碳的水中，摇匀，注入聚乙烯容器中，密闭放置至溶液清亮。用塑料管量取上清液 5.4mL，用无二氧化碳的水稀释至 1000mL，摇匀。

减量法称取于 105 ～ 110℃电烘箱中干燥至恒重的工作基准试剂邻苯二甲酸氢钾 0.75g（称准至 0.0001g），加无二氧化碳的水 50mL 溶解，加 2 滴酚酞指示液（10g/L），用配制的氢氧化钠溶液滴定至溶液呈粉红色，并保持 30s，同时做空白实验。

4.结果计算

氢氧化钠标准滴定溶液的浓度按式（2-2-2）进行计算：

$$c(\text{NaOH}) = \frac{m \times 1000}{(V - V_0) \times M} \tag{2-2-2}$$

式中　　m——邻苯二甲酸氢钾质量，g；

　　　　V——氢氧化钠溶液体积，mL；

　　　　V_0——空白实验消耗氢氧化钠溶液体积，mL；

　　　　M——邻苯二甲酸氢钾的摩尔质量，g/mol，$M(\text{KHC}_8\text{H}_4\text{O}_4)$=204.22。

知识点4　酚酞指示剂法测定生乳酸度

1.试剂和材料

除非另有规定，本方法所用试剂均为分析纯，水为 GB/T 6682—2008 规定的三级水。

① 氢氧化钠标准溶液（NaOH）：0.1000mol/L（具体数值为标定结果）。

② 参比溶液：将 3g 七水硫酸钴（$\text{CoSO}_4 \cdot 7\text{H}_2\text{O}$）溶解于水中，并定容至 100mL。

③ 酚酞指示液：称取 0.5g 酚酞溶于 75mL 体积分数为 95% 的乙醇中，并加入 20mL 水，然后滴加 0.1mol/L 氢氧化钠溶液至微粉色，再加入水定容至 100mL。

2.仪器和设备

① 天平：感量为 1mg。

② 碱式滴定管：容量 10mL，最小刻度为 0.05mL。

3.操作步骤

（1）制备参比溶液

向装有等体积相同样液的锥形瓶中加入 2.0mL 参比溶液，轻轻转动，使之混合，得到标准参比颜色。如果要测定多个相似的产品，则此参比溶液可用于整个测定过程，但时间不得超过 2h。

（2）生乳酸度测定

称取 10g（精确到 0.001g）已混匀的试样，置于 150mL 锥形瓶中，加 20mL 新煮沸冷却至室温的水，混匀，加入 2.0mL 酚酞指示液，混匀后用氢氧化钠标准溶液滴定，边滴加边转动锥形瓶，直到颜色与参比溶液的颜色相似，且5s内不消退，整个滴定过程应在45s内完成。滴定过程中，向锥形瓶中吹氮气，防止溶液吸收空气中的二氧化碳。记录消耗的氢氧化钠标准滴定溶液毫升数（V_1）。

（3）空白滴定

用等体积的水做空白实验，读取耗用氢氧化钠标准溶液的毫升数（V_0）。空白所消耗的氢氧化钠的体积（V_0）应不小于零，否则应重新制备和使用符合要求的蒸馏水。

（4）结果计算。结果按照式（2-2-3）进行计算。

$$X = \frac{c \times (V_1 - V_0) \times 100}{m \times 0.1} \tag{2-2-3}$$

式中　X——试样酸度，°T（以100g样品所消耗的0.1mol/L氢氧化钠毫升数计，ml/100g）；

　　　c——氢氧化钠标准溶液的摩尔浓度，mol/L；

　　　V_1——滴定时所消耗氢氧化钠标准溶液的体积，mL；

　　　V_0——空白实验所消耗氢氧化钠标准溶液的体积，mL；

　100——100g试样；

　　　m——试样的质量，g；

　0.1——酸度理论定义氢氧化钠的摩尔浓度，mol/L。以重复性条件下获得的两次独立检测结果的算术平均值表示，结果保留三位有效数字。

4.精密度

在重复性条件下获得的两次独立测定结果的绝对差值不得超过算术平均值的10%。

思政小课堂

📎 任务准备

（一）知识学习

阅读本任务"相关知识点"，扫描二维码，学习课程视频，回答引导问题1～2。

？ 引导问题1：乳滴定酸度的表示形式有哪些？分别如何测定和表示？

_____

_____

_____

_____

？ 引导问题2：酚酞指示剂法测定生乳酸度的基本原理是什么？

_____

_____

_____

_____

GB 5009.239—2016《食品安全国家标准 食品酸度的测定》

？ 引导问题3：扫描二维码，学习国家标准GB 5009.239—2016《食品安全国家标准 食品酸度的测定》，请回答食品酸度的测定方法有哪几种？各适用于哪些食品酸度的测定？

_____

_____

_____

GB/T 601—2016《化学试剂 标准滴定溶液的制备》

？ 引导问题4：扫描二维码，学习GB/T 601—2016《化学试剂 标准滴定溶液的制备》，叙述如何进行0.1mol/L氢氧化钠标准溶液的配制与标定？

_____

_____

_____

_____

_____

_____

_____

（二）实验方案设计

通过学习相关知识点，完成表2-2-1。

表2-2-1　实验方案设计

组长		组员	
学习项目		学习时间	
依据标准			
准备内容	仪器设备 （规格、数量）		
	试剂耗材 （规格、浓度、数量）		
	样品		
任务分工	姓名	具体工作	
具体步骤			

🔧 任务实施

（一）氢氧化钠标准溶液标定

依据本任务"知识点3"完成 0.1000mol/L 氢氧化钠标准溶液的配制与标定，将数据记录入表 2-2-2，按式（2-2-2）计算氢氧化钠标准溶液浓度。

表 2-2-2　0.1000mol/L 氢氧化钠溶液的配制与标定记录

项目	编号			
	1	2	3	空白
称量瓶＋邻苯二甲酸氢钾质量（倾样前）/g				
称量瓶＋邻苯二甲酸氢钾质量（倾样后）/g				
邻苯二甲酸氢钾质量 /g				
氢氧化钠溶液终读数 /mL				
氢氧化钠溶液初读数 /mL				
氢氧化钠溶液体积 /mL				
氢氧化钠溶液浓度 /（mol/L）				
氢氧化钠溶液平均浓度 /（mol/L）				/
相对平均偏差 /%				/

（二）生乳酸度测定

依据本任务"知识点4"完成生乳酸度测定。按式（2-2-3）计算生乳酸度，完成表 2-2-3 的生乳酸度测定记录。

表 2-2-3　生乳酸度测定记录

样品名称：　　　　　　　　样品状态：

生产单位：　　　　检验人员：　　　　　　审核人员：

检验日期：　　　　环境温度 /℃：　　　　相对湿度 /%：

检验依据：

主要设备：

标准氢氧化钠溶液浓度（c）：　　　mol/L　　　标定日期：

样品编号	样品质量 /g	消耗 NaOH 溶液体积 /mL	酸度 /°T	酸度平均值 /°T	精密度
1					
2					

测定结果精密度是否符合要求：是□　　否□

标准要求：　　　°T　　　结果判定：

任务评价

每个学生完成学习任务成绩评定，按学生自评、小组互评、教师评价三阶段进行，并按自评占20%，互评占30%，师评占50%作为每个学生综合评价结果，填入表2-2-4。

表2-2-4　生乳酸度测定学习情况评价表

评价项目	评价标准		满分	评价分值			得分
				自评	互评	师评	
素质目标	实验开始前桌面整齐，着工作服，仪表整洁		5				
	依据国家标准，按照规范要求安全操作		5				
	结束后倒掉废液，清理台面，洗净用具并归位		5				
知识目标	能归纳 0.1000mol/L 氢氧化钠溶液配制和标定的具体步骤		5				
	能制定酚酞指示剂法测定生乳酸度的具体实验方案		10				
技能目标	正确称量基准物质配制氢氧化钠标准溶液	正确使用电子天平，使用前检查水平泡，使用后保持电子天平清洁干净（若称量盘内有洒落样品或药品，用小毛刷清理）	5				
		用小烧杯溶解试剂，用玻璃棒转移至容量瓶，用蒸馏水少量多次洗涤烧杯和玻璃棒，定容，摇匀	5				
	氢氧化钠标准溶液标定	正确使用碱式滴定管，经过试漏、润洗、装液、排空气和调零等步骤，并能够正确读数	10				
		正确进行氢氧化钠标准溶液标定操作	5				
		氢氧化钠标准溶液浓度结果计算正确	10				
	乳样测定	量取生乳和加水操作正确，酚酞加入正确	5				
		滴定时速度先快后慢，接近终点时应一滴一摇直至指示剂颜色突变	5				
		读数时视线与溶液凹液面的最低点保持水平	5				
		半滴溶液加入后，用蒸馏水冲洗锥形瓶壁，最后颜色与参比溶液颜色相近，5s 内不褪色	5				
	结果计算	记录正确、完整、美观	5				
		计算结果正确，按照要求进行数据修约	5				
		平行操作重复性正确	5				
合计			100				

学习任务2-3　生乳杂质度测定

任务描述

根据 GB 5413.30—2016《食品安全国家标准 乳和乳制品杂质度的测定》，对生乳杂质度进行测定，判断生乳质量。

学习目标

（一）素质目标

养成 5S 实验室管理理念和安全使用仪器习惯。

（二）知识目标

能说明生乳杂质度测定原理。

（三）技能目标

① 能熟练进行生乳杂质度测定。
② 能根据使用说明操作、维护杂质度过滤设备。

相关知识点

杂质度的测定

PPT　　　　课程视频

生乳样品经杂质度过滤板（图 2-3-1）过滤，根据残留于杂质度过滤板上直观可见非白色杂质与杂质度参考标准板比对，确定样品杂质的限量。

1.试剂和材料

除非另有说明，本方法所用试剂均为分析纯，水为 GB/T 6682—2008 规定的三级水。

（1）杂质度过滤板：直径 32mm、质量 135mg±15mg、厚度 0.8 ～ 1.0mm 的白色棉质板。

（2）杂质度参考标准板：杂质度参考标准板如图 2-3-2 所示，相对液体乳杂质度参考标准板比对表如表 2-3-1 所示。

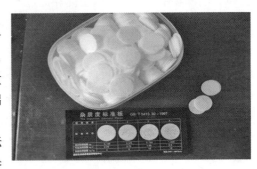

图 2-3-1　杂质度过滤板

表 2-3-1　液体乳杂质度参考标准板比对表

参考标准板号	A_1	A_2	A_3	A_4
杂质绝对含量 / (mg/500mL)	0	0.125	0.250	0.375
杂质相对含量 / (mg/8L)	0	2	4	6

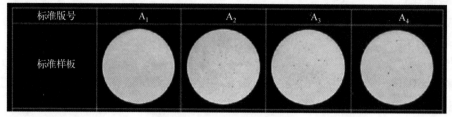

图 2-3-2　杂质度参考标准板

2.仪器和设备

（1）过滤设备

杂质度过滤机（图 2-3-3）或抽滤瓶，可采用正压或负压的方式实现快速过滤（每升水的过滤时间为 10 ～ 15s）。安放杂质度过滤板后的有效过滤直径为 28.6mm± 0.1mm。

（2）杂质度过滤机使用说明

① 接好电源插头，打开电源开关，电源开关上的指示灯亮。

图 2-3-3　杂质度过滤机

② 将杂质度过滤棉板置于漏斗底座的过滤网上，将出水管置于下水道。

③ 将预过滤样品倒入漏斗内，按动启动按钮。

④ 取下过滤棉板与标准板对照，即可得出该样品的杂质度含量。

⑤ 检测完毕后，用自来水反复冲洗，直到没有残存乳液，晾干。

3.操作步骤

① 样品溶液的制备。生乳样品充分混匀后，用量筒量取 500mL 立即测定。

② 样品溶液的测定。将杂质度过滤板放置在过滤设备上，将制备的样品溶液倒入过滤设备的漏斗中，但不得溢出漏斗，过滤。用水多次洗净烧杯，并将洗液转入漏斗过滤，多次用洗瓶洗净漏斗。滤干后取出杂质度过滤板，与杂质度标准板比对即得样品杂质度。

4.结果计算

过滤后的杂质度过滤板与杂质度参考标准板比对得出的结果，即为该样品的杂质度。当杂质度过滤板上的杂质量介于两个级别之间时，应判定为杂质量较多的级别。若出现纤维等外来异物，判定杂质度超过最大值。

5.精密度

按 GB 5413.30—2016《食品安全国家标准 乳和乳制品杂质度的测定》所述方法对同一样品做 2 次测定，其结果应一致。

思政小课堂

任务准备

（一）知识学习

引导问题1： 扫描二维码，查阅"5S现场管理法"，制定"乳品检测实验室5S管理内容和标准"，填入表2-3-2。

5S现场管理法

表2-3-2　实验室5S管理内容和标准

步　骤	管理内容	标准
整理		
整顿		
清扫		
清洁		
素养		

引导问题2： 阅读本任务"相关知识点"，扫描二维码，学习课程视频。将杂质度过滤机使用步骤填入表2-3-3。

表2-3-3　杂质度过滤机使用步骤

步骤序号	
1	
2	
3	
4	
5	

引导问题3： 扫描二维码，查阅GB 5413.30—2016《食品安全国家标准 乳和乳制品杂质度的测定》，简述生乳杂质度检测原理。

GB 5413.30—2016《食品安全国家标准 乳和乳制品杂质度的测定》

_____

_____

_____

_____

_____

_____

_____

（二）实验方案设计

通过学习相关知识点，完成表 2-3-4。

表 2-3-4　实验方案设计

组长		组员	
学习项目		学习时间	
依据标准			
准备内容	仪器设备 （规格、数量）		
	试剂耗材 （规格、浓度、数量）		
	样品		
任务分工	姓名	具体工作	
具体步骤			

任务实施

依据 GB 5413.30—2016《食品安全国家标准 乳和乳制品杂质度的测定》对生乳样品进行检测，将测定结果记录入表 2-3-5。

表 2-3-5　生乳杂质度测定记录

样品名称：　　　　　　　　　　　　　　样品状态：

生产单位：　　　　　　检验人员：　　　　　　审核人员：

检验日期：　　　　　　环境温度 /℃：　　　　　　相对湿度 /%：

检验方法：

主要设备：

样品 /mL	测定结果 /（mg/kg）	平均值 /（mg/kg）	平行样结果
			一致 □ 不一致 □

结果判定：

任务评价

每个学生完成学习任务成绩评定，按学生自评、小组互评、教师评价三阶段进行，并按自评占 20%，互评占 30%，师评占 50% 作为每个学生综合评价结果，填入表 2-3-6。

表 2-3-6　生乳杂质度测定学习情况评价表

评价项目		评价标准	满分	评价分值			得分
				自评	互评	师评	
素质目标	着装	着工作服、仪容整洁	5				
	试剂仪器	对所需试剂、设备进行准备检查、摆放整齐（所用材料准备不完全，少一件扣 1 分，扣完为止）	5				
	结束工作	未倒掉废液扣 2 分	10				
		实验用仪器未清洗干净扣 2 分					
		未整理台面并清洁扣 2 分					
		粗暴使用损坏仪器扣 4 分					
	实验室安全操作	用电、仪器安全	10				
		自身、试剂使用安全					
知识目标	说明生乳杂质度测定原理		10				
	制订出杂质度测定的实验方案		10				
技能目标	样品量取	充分混匀样品	5				
		平视读取体积数值	5				
	杂质度测定	过滤机使用前清洗干净、工作正常	5				
		将杂质度过滤板放置在过滤设备上	5				
		将样品倒入过滤设备漏斗，不得溢出	5				
		用水多次洗净烧杯和过滤板，并将洗液转入漏斗过滤	5				
	实验结果	取出过滤板比对参考标准版读数	5				
		结果记录准确、计算结果正确	5				
		实验结果介于两个标准版之间，按高的算	5				
		平行操作结果一致	5				
合计			100				

学习任务2-4　生乳抗生素残留量检测

📋 任务描述

对生乳进行抗生素残留量的检测，判断生乳是否有抗生素残留。

📚 学习目标

（一）素质目标

通过生乳抗生素传统检测方法与快速检测方法对比学习，认识到科技创新重要性。

（二）知识目标

① 能说明嗜热链球菌抑制法检测抗生素的原理。
② 能说明嗜热脂肪芽孢杆菌抑制法检测抗生素的原理。

（三）技能目标

① 能熟练运用嗜热链球菌抑制法检测生乳抗生素的残留量。
② 能熟练运用嗜热脂肪芽孢杆菌抑制法检测生乳抗生素的残留量。

🎤 相关知识点

PPT　　　课程视频

知识点1　乳中抗生素残留的常用检测方法

最高残留限量（maximum residue limit，MRL）是对食品生产动物用药后产生的允许存在于食品表面或内部的该兽药残留的最高量。检查分析发现样品中药物残留高于最高残留限量，即为不合格产品，禁止生产出售和贸易。目前生乳中抗生素残留检测的方法很多，基本上可以分为三大类型：一是微生物受阻检测方法，二是生物免疫学检测方法，三是仪器分析检测方法，下面简单介绍各种检测方法。

1.微生物受阻检测方法

检验牛乳中抗生素残留量的传统方法是"微生物受阻检测法"。一般是在被检测乳样中培养对抗生素敏感的微生物，如果样品中没有抗生素存在，由于微生物的生长可以观察到培养基变混浊、不透明，或由于微生物产酸导致培养基中预先加入的酸碱指示剂发生颜色变化；如果有抗生素或其他抑菌物质存在则会观察到培养基上有抑菌圈形成或者培养基仍旧透明，或者酸碱指示剂没有颜色变化。这类检测方法可靠性高、操作简单、费用低，但必须经过几个小时的培养过程才能观察到结果。我国鲜乳中抗生素残留量检验标准（GB/T 4789.27—2008）中的嗜热链球菌抑制法和嗜热脂肪芽孢杆菌抑制法均应用此原理。

嗜热乳酸链球菌抑制法检测原理为样品经过 80℃杀菌后，添加嗜热链球菌菌液，培养一段时间后，嗜热链球菌开始繁殖，这时候加入代谢底物 2, 3, 5- 氯化三苯四氮唑（TTC）。若该样品中不含有抗生素或抗生素的浓度低于检测限，嗜热链球菌将继续增殖，还原 TTC 成为红色物质。相反，如果样品中含有高于检测限的抗生素，则嗜热链球菌受到抑制，TTC 不被还原，保持原色。

嗜热脂肪芽孢杆菌抑制法检测原理为培养基预先混合嗜热脂肪芽孢杆菌芽孢，并含有 pH 指示剂——溴甲酚紫，加入样品并孵育后，若该样品中不含有抗生素或抗生素浓度低于检测限，细菌芽孢将在培养基中生长并利用糖产酸，溴甲酚紫的紫色变为黄色。相反如果样品中含有高于检测限的抗生素，则细菌芽孢不会生长，溴甲酚紫的颜色保持不变，仍为紫色。

为了使这类实验更加操作易行，市场上开发了很多快速检测试剂盒，主要用于检测内酰胺类抗生素。试剂盒里微孔板的微孔中营养琼脂里含有微胶囊包裹的标志微生物——嗜热脂肪芽孢杆菌芽孢和 pH 指示剂——溴甲酚紫。当进行检验时将乳样滴入微孔，在 65℃条件下培养 3h，如果培养基颜色由紫变黄表明抗生素残留阴性，颜色不变则表示阳性（图 2-4-1 和图 2-4-2）。

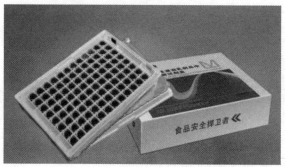

图 2-4-1　微孔板型牛乳抗生素检测试剂盒和加热器（控温范围 22 ~ 80℃）

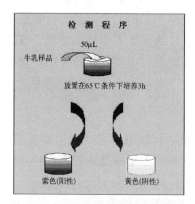

图 2-4-2　嗜热脂肪芽孢杆菌抑制法检测抗生素试剂盒的检测过程

2.生物免疫学检测方法

由于对抗生素残留快速检测方法的需求，使众多开发商瞄准了免疫学检测法。免疫学检测法是酶联免疫分析法（ELISA）的一种变换形式，抗生素多为小分子半抗原，宜采用竞争性原理，使样品内的抗生素与标记抗生素竞争与固定的抗体或广谱受体结合，然后进行冲洗和显色。标记抗生素与固定抗体或广谱受体形成的复合体，因为标记物的存在可形成有色物质或发光物质；乳制品中残留抗生素与固定抗体或广谱受体形成的复合体，因为没有标记物，无法形成有色物质或发光物质。通过测定色度或光度并与参比物对照，就可以判断结果呈阴性还是阳性。因为应用竞争性原理，最终的反应结果颜色越深或光度越强表示阴性，反之表示阳性。目前用作标记物的有：放射性核素、荧光物质、酶和酶作用底物、胶体金、化学发光剂、量子点。

3.仪器分析检测方法

仪器分析方法是利用抗生素分子中基团所具有的理化反应或特殊特性，借助现代仪器对抗生素残留进行精确分析的一种方法。目前，高效液相色谱法（high performance liquid chromatography，HPLC）已用于红霉素、庆大霉素、羧苄青霉素和羧噻吩青霉素等残留测定，是常用的一种抗生素残留检测方法。由于乳样品中药物残留量少，背景干扰往往很严重，因此一般都通过柱前衍生反应来提高紫外检测器检测残留的灵敏度。另外，抗生素残留检测方法正在向各种分析技术联用代替单一色谱技术的方向发展，常用的联用技术有液相色谱/质谱联用（LC-MS）、气相色谱/质谱联用（GC-MS），目前LC-MS已进入实用阶段。

目前我国国家标准只规定了嗜热链球菌抑制法、嗜热脂肪芽孢杆菌抑制法为法定的乳品中抗生素残留检测法，其他还没有明确列入国标，但是很多商品化试剂盒检测方法列入商检行业推荐性标准（SN/T）。

知识点2　嗜热链球菌抑制法

思政小课堂

1.试剂和材料

① 菌种：嗜热链球菌。

② 灭菌脱脂乳：无抗生素的脱脂乳，经 115℃灭菌 20min。也可采用无抗生素的脱脂乳粉，以蒸馏水 10 倍稀释，加热至完全溶解，115℃灭菌 20min。

③ 4% 2,3,5- 氯化三苯四氮唑（TTC）水溶液：2,3,5- 氯化三苯四氮唑（TTC）、灭菌蒸馏水。称取 TTC4g，溶于灭菌蒸馏水中，定容到 100mL，装褐色瓶内于 2～5℃保存。如果溶液变为半透明的白色或淡褐色，则不能再用。

④ 无菌磷酸盐缓冲液：磷酸二氢钠 2.83g，磷酸二氢钾 1.36g，蒸馏水 1000mL。将上述成分混合，调节 pH 值至 7.3±0.1，121℃高压灭菌 20min。

⑤ 青霉素 G 参照溶液：青霉素 G 钾盐 30.0mg，无菌磷酸盐缓冲液适量，无抗生素的脱脂乳适量。精密称取青霉素 G 钾盐标准品，溶于无菌磷酸盐缓冲溶液中，使其浓度为 100～1000IU/mL（1IU 青霉素 G=0.6329μg），再将该溶液用灭菌的无抗生素的脱脂乳稀释至 0.006IU/mL，分装于无菌小试管中，密封备用。–20℃保存不超过 6 个月。

也可以购买青霉素 G 参照溶液商品直接使用。

2.仪器和设备

（1）玻璃器皿和用具

① 无菌吸管：1mL（具 0.01mL 刻度），10.0mL（具 0.01mL 刻度）或微量移液器及吸头。

② 无菌试管：18mm×180mm。

③ 温度计：0 ～ 100℃。

（2）设备

除微生物实验室常规灭菌及培养设备外，其他设备和用具如下所述。

① 冰箱：2 ～ 5℃，–20 ～ –5℃。

② 恒温培养箱：36℃ ±1℃。

③ 恒温水浴锅：36℃ ±1℃、80℃ ±2℃。

④ 天平：感量 0.1g、0.001g。

3.操作步骤

鲜乳中抗生素残留量检测（嗜热链球菌抑制法）流程图如图 2-4-3 所示。

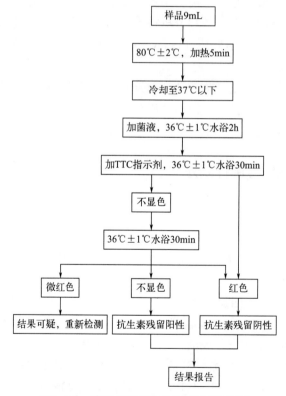

图 2-4-3　嗜热链球菌抑制法检测流程图

① 活化菌种。取一接种环嗜热链球菌菌种，接种在 9mL 灭菌脱脂乳中，置 36℃ ±1℃恒温培养箱中培养 12 ～ 15h 后，置 2 ～ 5℃冰箱保存备用。每 15d 转种一次。

② 制备测试菌液。将经过活化的嗜热链球菌菌种接种灭菌脱脂乳，36℃ ±1℃培养

15h ±1h，加入相同体积的灭菌脱脂乳混匀稀释成为测试菌液。

③ 培养、观察结果。取样品 9mL，置 18mm×180mm 试管内，每份样品另外做一份平行样。同时再做阴性和阳性对照各一份，阳性对照管用 9mL 青霉素 G 参照溶液，阴性对照管用 9mL 灭菌无抗生素脱脂乳。所有试管置 80℃ ±2℃ 水浴加热 5min，冷却至 37℃ 以下，加入测试菌液 1mL，轻轻旋转试管混匀。36℃ ±1℃ 水浴培养 2h，加 4%TTC 水溶液 0.3mL，在漩涡混匀器上混合 15s 或振动试管混匀。36℃ ±1℃ 水浴避光培养 30min，观察颜色变化。如果颜色没有变化，于水浴中继续避光培养 30min 做最终观察。观察时要迅速，避免光照过久出现干扰。

4.结果判断

在白色背景前观察，试管中样品呈乳的原色时，指示乳中有抗生素存在，为阳性结果。试管中样品呈红色为阴性结果。如最终观察现象仍为可疑，建议重新检测。

5.报告

最终观察时，样品变为红色，报告为抗生素残留阴性。样品依然为乳的原色，报告为抗生素残留阳性。

6.最低检出限

本方法检测几种常见抗生素的最低检出限为：青霉素 0.004IU，链霉素 0.5IU，庆大霉素 0.4IU，卡那霉素 5IU。

 知识点3　嗜热脂肪芽孢杆菌抑制——试剂盒法

快速检测试剂盒法

1.检测原理

牛乳及中性液态乳制品中抑菌素检测试剂盒是一种使用灵活、操作方便的嗜热脂肪芽孢杆菌抑制法定性检测试剂盒，用于牛、羊等生乳及经加工处理的中性液态乳制品及乳粉中抑菌素（如残留抗生素等）的残留检测。

2.试剂盒组成

① 微孔板：3 块，微孔中固体培养基含有嗜热脂肪芽孢杆菌芽孢、用于生长的营养物质及指示剂溴甲酚紫。

② 黏性胶膜：3 张。

③ 参考卡：1 份。

④ 说明书：1 份。

3.操作步骤

① 根据所检测样品的数量，先用剪刀将铝膜分割切开，再将所需的微孔剪下。注意不要将剩余微孔上的铝膜破坏，不然会导致培养基变干失去检测作用。并将剩余的检测微孔放回 4℃ 左右的冰箱保存。

② 将取下的微孔板的铝膜撕掉，向每个微孔中加入 50μL 的待测样品。同时用其中一个微孔作为阴性对照，加入 50μL 不含抑菌素的阴性对照样品。

③ 用黏性胶膜小心地将板孔封上，并置于 65℃ ±0.5℃环境下孵育，在孵育 2.5 ～ 3h 之后进行观察，如阴性对照组未变黄则继续培养直到阴性对照组变黄停止培养，注意培养箱的温度波动会导致更长的检测时间，并会影响检测的灵敏度。

4.结果判断

黄色或黄绿色表示不含抗菌物质或抗菌物质浓度在检出限以下，结果判为检测阴性。蓝色或紫色表明所检测的待测样品中含有抗菌物质，结果判为检测阳性。

5.注意事项

① 由于本试剂盒对抗菌物质极其敏感（抗生素及其他成分，如消毒剂、洗涤剂等），在贮存及检测时都应避免任何该类物质的污染。

② 剧烈震动或低温冷冻都会使培养基变得松动，影响检测结果，请轻拿轻放。

③ 建议每次检测时设立不含抗生素的阴性对照样品，以确定最佳孵育时间。

④ 每个样品所需的微量进样器吸头不可重复使用。

⑤ 培养的温度过高或过低，以及温度波动都会影响检测时间及检测灵敏度。

⑥ 本品为一次性产品，请勿重复使用。

⑦ 本产品检测结果仅供参考，最终结果应以权威检测机构的结果为准。

任务准备

（一）知识学习

？ 引导问题1： 扫描二维码，查阅GB/T 4789.27—2008《食品卫生微生物学检验 鲜乳中抗生素残留检验》、扫描二维码，查阅SN/T 4536.1—2016《中华人民共和国出入境检验检疫行业标准 商品化试剂盒检测方法磺胺类 方法一》和相关资料，总结乳中抗生素检测的三种方法的检测原理，填入表2-4-1。

GB/T 4789.27—2008《食品卫生微生物学检验 鲜乳中抗生素残留检验》

SN/T 4536.1—2016《中华人民共和国 出入境检验检疫行业标准 商品化试剂盒检测方法磺胺类 方法一》

表2-4-1　乳中抗生素常用检测方法原理

方法名称	检测原理
嗜热链球菌抑制法	
嗜热脂肪芽孢杆菌抑制法	
嗜热脂肪芽孢杆菌抑制 - 试剂盒法	

？ 引导问题2： 阅读本任务"相关知识点"，扫描二维码，学习"课程视频"有关内容，比较"嗜热链球菌抑制法""嗜热脂肪芽孢杆菌抑制法""嗜热脂肪芽孢杆菌抑制法——试剂盒法"的优缺点，填入表2-4-2。

表2-4-2　乳中抗生素常用检测方法优缺点比较

方法名称	优点	缺点
嗜热链球菌抑制法		
嗜热脂肪芽孢杆菌抑制法		
嗜热脂肪芽孢杆菌抑制——试剂盒法		

（二）实验方案设计

通过学习相关知识点，完成表 2-4-3。

表 2-4-3　实验方案设计

组长		组员	
学习项目		学习时间	
依据标准			
准备内容	仪器设备 （规格、数量）		
	试剂耗材 （规格、浓度、数量）		
	样品		
任务分工	姓名		
具体步骤			

任务实施

（一）嗜热链球菌抑制法

用嗜热链球菌抑制法对生乳样品进行抗生素检测，将检测结果记录入表 2-4-4。

表 2-4-4　生鲜乳中抗生素残留检测记录（嗜热链球菌抑制法）

样品名称：　　　　　　　　　样品状态：

生产单位：　　　　检验人员：　　　　审核人员：

检验日期：　　　　环境温度 /℃：　　　　相对湿度 /%：

检验方法：

主要设备：

检样	检测过程颜色记录		检测结果
	第 1 次观察	最终观察	
阴性对照			
阳性对照			
样品			

结果判定：

（二）嗜热脂肪芽孢杆菌抑制——试剂盒法

用嗜热脂肪芽孢杆菌抑制——试剂盒法对生乳样品进行抗生素检测，将检测结果记录入表 2-4-5。

表2-4-5　生鲜乳中抗生素残留检测记录（嗜热脂肪芽孢杆菌抑制——试剂盒法）

样品名称：　　　　　　　　　　样品状态：

生产单位：　　　　　检验人员：　　　　　审核人员：

检验日期：　　　　　环境温度 /℃：　　　　相对湿度 /%：

检验方法：

主要设备：

检样	检测过程颜色记录		检测结果
	孵育 2.5 ～ 3h	阴性对照变色后	
阴性对照			
阳性对照			
样品			

结果判定：

任务评价

　　每个学生完成学习任务成绩评定，按学生自评、小组互评、教师评价三阶段进行，并按自评占 20%，互评占 30%，师评占 50% 作为每个学生综合评价结果，填入表 2-4-6 和表 2-4-7。

表 2-4-6　生鲜乳中抗生素残留检测（嗜热链球菌抑制法）学习情况评价表

评价项目		评价标准	满分	评价分值			得分
				自评	互评	师评	
素质目标	着装	实验服干净整洁、口罩遮挡口鼻部、帽子包裹头发	5				
	准备	对所需试剂、设备进行准备检查、摆放整齐（所用材料准备不完全，少一件扣 1 分，扣完为止）	5				
	结束工作	倒掉废液	5				
		实验用仪器清洗干净	5				
		整理台面并清洁	5				
		规范使用仪器，损坏仪器扣 5 分	5				
	实验室安全操作	用电、仪器安全	5				
		自身、试剂使用安全	5				
知识目标		说明嗜热链球菌抑制法检测抗生素原理	5				
		制订嗜热链球菌抑制法检测抗生素实验方案	5				
技能目标	取样	实验前将水浴锅调至目标温度	5				
		准确量取 9mL 样品，移液管操作正确	5				
		整个过程无菌操作，距火焰超过 5cm 扣 2 分	5				
		分别做阴性和阳性对照	5				
	培养添加指示剂	80℃水浴 5min，忘做、漏做不得分	5				
		冷却至37℃以下,加 1mL 测试菌液，混匀	5				
		水浴培养避光，未避光不得分	5				
		指示剂添加取液、放液、读数规范，移液管口不能触碰任何地方	5				
	结果观察	选择白色背景进行结果观察，颜色判断准确	5				
		结果记录清楚，报告准确	5				
合计			100				

表2-4-7　生鲜乳中抗生素残留检测（嗜热脂肪芽孢杆菌抑制——试剂盒法）学习情况评价表

评价项目		评价标准	满分	评价分值			得分
				自评	互评	师评	
素质目标	着装	实验服干净整洁、口罩遮挡口鼻部、帽子包裹头发	5				
	准备	对所需试剂、设备进行准备检查、摆放整齐（所用材料准备不完全，少一件扣1分，扣完为止）	5				
	结束工作	倒掉废液	5				
		实验用仪器清洗干净	5				
		整理台面并清洁	5				
		规范使用仪器，损坏仪器扣5分	5				
	实验室安全操作	用电、仪器安全	5				
		自身、试剂使用安全	5				
知识目标		说明嗜热脂肪芽孢杆菌抑制法检测抗生素原理	10				
		制定嗜热脂肪芽孢杆菌抑制——试剂盒法实验方案	10				
技能目标	取样	用剪刀将铝膜和所需微孔剪下，剩余微孔放回冰箱	5				
		微量移液器准确量取50μL样品，并进行标记	5				
		整个过程无菌操作，距酒精灯火焰超过5cm扣2分	5				
		分别做阴性和阳性对照，漏做或不做不得分	5				
	培养	用黏性胶膜将板孔封上	5				
		置于65℃±0.5℃环境下孵育	5				
	结果观察	选择白色背景进行结果观察，颜色判断准确	5				
		结果记录清楚，报告准确	5				
合计			100				

学习任务2-5　生乳菌落总数测定

任务描述

掌握生乳菌落总数的测定方法，并能对生乳进行菌落总数测定。

学习目标

（一）素质目标

通过学习生乳菌落总数测定的意义，明确二十大报告中提出的"质量强国"对乳制品安全和消费者健康的重要性。通过规范每个操作步骤，构建坚守细节的"大国工匠"精神。

（二）知识目标

① 了解生乳菌落总数测定的意义。
② 熟悉生乳菌落总数的测定程序和方法。

（三）技能目标

① 能规范进行无菌操作。
② 能进行生乳样品的稀释和接种操作。
③ 会菌落总数计数与计算，并能规范报告菌落总数。

相关知识点

知识点1　菌落总数的概念

PPT　　　　课程视频

菌落总数是指食品检样经过处理，在一定条件下培养后（如培养基成分、培养温度、时间、pH 值、需氧性质等），所得 1mL（g）检样中所含菌落总数，一般以 CFU/mL 或 CFU/g 来表示。

菌落形成单位（colony forming unit，CFU）是指在活菌培养计数时，由单个菌体或聚集成团的多个菌体在固体培养基上生长繁殖所形成的菌落，称为菌落形成单位，以其表达活菌的数量。菌落形成单位的计数方式与一般直接在显微镜下细菌计数方式不同，后者会将活与死的细菌全部算入，但是 CFU 只计算活的细菌。

菌落总数主要作为判定食品被污染程度的标志，也可以应用这一方法观察细菌在食品中繁殖的动态，以便对被检样品进行卫生学评价时提供依据。GB 4789.2—2022《食

品安全国家标准 食品微生物学检验 菌落总数测定》规定的方法培养条件下所得结果，仅涵盖在平板计数琼脂上生长发育的嗜中温需氧型菌落总数。

 知识点2　试剂材料和仪器设备

1.试剂和材料

（1）平板计数琼脂培养基

平板计数琼脂培养基是常用于菌落计数的培养基，主要成分胰蛋白胨提供氮源，酵母浸膏提供 B 族维生素，葡萄糖提供碳源，琼脂是培养基凝固剂。

① 成分：胰蛋白胨 5.0g、酵母浸膏 2.5g、葡萄糖 1.0g、琼脂 15.0g、蒸馏水1000mL。

② 制法：将上述成分加于蒸馏水中，煮沸溶解，调节 pH 值至 7.0±0.2，分装锥形瓶，包扎，121℃高压灭菌 15min。也可购买即用型干粉平板计数琼脂，见图 2-5-1（a），按说明配制、分装、灭菌。

（2）磷酸盐缓冲液

磷酸盐缓冲液是常用于生物学研究的一个缓冲溶液，是水基盐溶液，其中的磷酸盐成分有助于保持溶液 pH 值恒定，使稀释环境渗透压与细菌内部渗透压基本相等。

① 成分：磷酸二氢钾（KH_2PO_4）34.0g、蒸馏水 500mL。

② 贮存液：称取34.0g的磷酸二氢钾溶于500mL蒸馏水中，用大约175mL的1mol/L氢氧化钠溶液调节 pH 值至 7.2，用蒸馏水稀释至 1000mL 后贮存于冰箱。

③ 稀释液：取贮存液 1.25mL，用蒸馏水稀释至 1000mL，分装于试管中，每个试管装 9mL，包扎，121℃高压灭菌 15min。也可购买即用型干粉磷酸盐缓冲液试剂，见图 2-5-1（b），按说明配制、分装、灭菌。

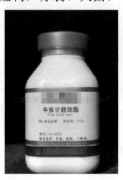 

（a）平板计数琼脂　　　（b）磷酸盐缓冲液

图2-5-1　即用型干粉平板计数琼脂和磷酸盐缓冲液

（3）无菌生理盐水

无菌生理盐水是指微生物学实验常用的使稀释环境渗透压与细菌内部渗透压基本相等的氯化钠溶液。用于细菌稀释时浓度为 0.85%，可维持细菌细胞的正常形态。

① 成分：氯化钠 8.5g、蒸馏水 1000mL。

② 制法：称取 8.5g 氯化钠溶于 1000mL 蒸馏水中，分装于试管中，每个试管装

9mL，包扎，121℃高压灭菌 15min。

2.仪器和设备

除微生物实验室常规灭菌及培养设备外，其他设备如下所述。

（1）玻璃器皿和用具

① 吸管：无菌吸管 1mL（具 0.01mL 刻度）、10mL（具 0.1mL 刻度）或微量移液器及吸头。

② 无菌锥形瓶：容量 250mL、500mL。

③ 无菌培养皿：直径 90mm。

④ 试管：18mm×180mm。

⑤ 其他：直径约 5mm 玻璃珠、酒精灯、试管架、灭菌剪刀和镊子。

（2）设备

① 恒温培养箱：36℃ ±1℃、30℃ ±1℃。

② 冰箱：2 ～ 5℃。

③ 恒温装置：48℃ ±2℃。

④ 天平：感量为 0.1g。

⑤ 其他：放大镜或菌落计数器、均质器、振荡器、pH 计或 pH 比色管或精密 pH 试纸。

 知识点3　检测程序和操作步骤

思政小课堂

1.检测程序（图2-5-2）

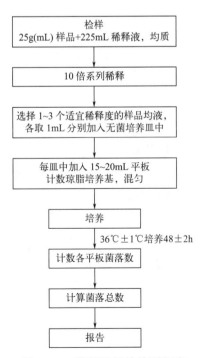

图2-5-2　菌落总数的检测程序

2.操作步骤

（1）样品的稀释

① 固体和半固体样品。称取 25g 样品置盛有 225mL 无菌磷酸盐缓冲液或生理盐水的无菌均质杯内，8000～10000r/min 均质 1～2min，或放入盛有 225mL 无菌稀释液的无菌均质袋中，用拍击式均质器拍打 1～2min，制成 1∶10 的样品匀液。

② 液体样品。以无菌吸管吸取 25mL 样品置盛有 225mL 无菌磷酸盐缓冲液或生理盐水的无菌锥形瓶（瓶内预置适当数量的无菌玻璃珠）中，充分混匀，制成 1∶10 的样品匀液。

③ 制备 10 倍系列稀释样品匀液。用 1mL 无菌吸管或微量移液器吸取 1∶10 样品匀液 1mL，沿管壁缓慢注于盛有 9mL 无菌磷酸盐缓冲液或无菌生理盐水稀释液的无菌试管中（注意吸管或吸头尖端不要触及稀释液面），在振荡器上振荡混匀，制成 1∶100 的样品匀液。

按上述操作，制备 10 倍系列稀释样品匀液。每递增稀释一次，换用 1 次 1mL 无菌吸管或吸头。

（2）接种

根据对样品污染状况的估计，选择 1～3 个适宜稀释度的样品匀液（液体样品可包括原液），吸取 1mL 样品匀液于无菌平皿内，每个稀释度做两个平皿。同时，分别吸取 1mL 空白稀释液加入两个无菌平皿内做空白对照。及时将 15～20mL 冷却至 46～50℃的平板计数琼脂培养基（可放置于 48℃±2℃恒温装置中保温）倾注平皿，并转动平皿（贴桌面画 8 字或者贴桌面上下、左右、45°移动平皿）使其混合均匀。

（3）培养

待琼脂凝固后，将平板翻转，36℃±1℃培养 48h±2h。如果样品中可能含有在琼脂培养基表面弥漫生长的菌落时，可在凝固后的琼脂表面覆盖一薄层琼脂培养基（约 4mL），凝固后翻转平板，进行培养。

（4）菌落计数

可用肉眼观察，必要时用放大镜或菌落计数器，记录稀释倍数和相应的菌落数量。菌落计数以菌落形成单位（CFU）表示。

选取菌落数在 30～300CFU、无蔓延菌落生长的平板计数菌落总数。低于 30CFU 的平板记录具体菌落数，大于 300CFU 的可记录为多不可计。每个稀释度的菌落数应采用两个平板的平均数。

其中一个平板有较大片状菌落生长时，则不宜采用，而应以无片状菌落生长的平板作为该稀释度的菌落数；若片状菌落不到平板的一半，而其余一半中菌落分布又很均匀，即可计算半个平板后乘以 2，代表一个平板菌落数。

当平板上出现菌落间无明显界线的链状生长时，则将每条单链作为一个菌落计数。

知识点4　结果与报告

1.菌落总数的计算方法

若只有一个稀释度平板上的菌落数在适宜计数范围内，计算两个平板菌落数的平均值，再将平均值乘以相应稀释倍数，作为 1g（mL）样品中菌落总数结果。

若有两个连续稀释度的平板菌落数在适宜计数范围内时，按式（2-5-1）计算：

$$N = \frac{\Sigma C}{(n_1 + 0.1n_2)\,d} \tag{2-5-1}$$

式中　N——样品中菌落数；

　　　ΣC——平板（含适宜范围菌落数的平板）菌落数之和；

　　　n_1——第一稀释度（低稀释倍数）平板个数；

　　　n_2——第二稀释度（高稀释倍数）平板个数；

　　　d——稀释因子（第一稀释度）。

示例见表 2-5-1。

菌落总数计数方法

表 2-5-1　菌落总数的计算方法示例

稀释度	1∶100（第一稀释度）	1∶1000（第二稀释度）
菌落数 /CFU	232，244	33，35
$N = \dfrac{\Sigma C}{(n_1 + 0.1n_2)\,d} = \dfrac{232 + 244 + 33 + 35}{[2 + (0.1 \times 2)] \times 10^{-2}} = \dfrac{544}{0.022} = 24727$		

示例结果数据进行数字修约后，表示为 25000 或 2.5×10^4。

若所有稀释度的平板上菌落数均大于 300CFU，则对稀释度最高的平板进行计数，其他平板可记录为多不可计，结果按平均菌落数乘以最高稀释倍数计算。若所有稀释度的平板菌落数均小于 30CFU，则应按稀释度最低的平均菌落数乘以稀释倍数计算。若所有稀释度（包括液体样品原液）平板均无菌落生长，则以小于 1 乘以最低稀释倍数计算。若所有稀释度的平板菌落数均不在 30～300CFU，其中一部分小于 30CFU 或大于 300CFU 时，则以最接近 30CFU 或 300CFU 的平均菌落数乘以稀释倍数计算。

2.菌落总数的报告

菌落数小于 100CFU 时，按"四舍五入"原则修约，以整数报告。菌落数大于或等于 100CFU 时，第 3 位数字采用"四舍五入"原则修约后，取前 2 位数字，后面用 0

代替位数；也可用 10 的指数形式来表示，按"四舍五入"原则修约后，采用两位有效数字。

若所有平板均为蔓延菌落而无法计数，则报告菌落蔓延。

若空白对照上有菌落生长，则此次检测结果无效。

称重取样以 CFU/g 为单位报告，体积取样以 CFU/mL 为单位报告。

任务准备

（一）知识学习

学习"相关知识点"和扫描二维码学习课程视频。回答引导问题 1 ～ 2。

? 引导问题1： 请简述食品菌落总数检测具有哪些意义？

_____

_____

? 引导问题2： GB 19301—2010《食品安全国家标准 生乳》（含第1号修改单）中对生乳微生物限量的规定是什么？

_____

_____

_____

GB 4789.2—2022
《食品安全国家标准 食品微生物学检验 菌落总数测定》

（二）实验方案设计

扫描二维码，查阅 GB 4789.2—2022《食品安全国家标准 食品微生物学检验 菌落总数测定》，学习"相关知识点"，完成表 2-5-2。

表 2-5-2　实验方案设计

组长		组员	
学习项目		学习时间	
依据标准			
准备内容	仪器设备（规格、数量）		
	试剂耗材（规格、浓度、数量）		
	样品		
任务分工	姓名	具体工作	
具体步骤			

✖ 任务实施

（一）实验过程

1. 根据国家标准 GB 4789.2—2022《食品安全国家标准 食品微生物学检验 菌落总数测定》，完成生乳菌落总数测定中样品的稀释、接种等操作，描述具体的操作步骤。

（1）画图描述生乳样品稀释步骤。

（2）画图描述生乳菌落总数测定中接种、注入培养基具体操作步骤。

2. 请列出生乳菌落总数测定中菌落培养操作的具体条件。

（二）实验结果与报告

用肉眼观察，必要时用放大镜或菌落计数器，记录稀释倍数和相应的菌落数量，菌落计数以菌落形成单位（CFU）表示。完成生乳菌落总数计算，对菌落总数进行报告，填入表2-5-3。

表2-5-3　生乳菌落总数测定记录

样品名称：　　　　　　　　　　样品状态：

生产单位：　　　　　检验人员：　　　　　审核人员：

检验日期：　　　　　环境温度/℃：　　　　相对湿度/%：

检验依据：

主要设备：

样品编号	稀释倍数（　　）/（CFU/mL）		稀释倍数（　　）/（CFU/mL）		稀释倍数（　　）/（CFU/mL）		结果/（CFU/mL）
	皿1	皿2	皿1	皿2	皿1	皿2	
空白对照菌落总数	皿1/（CFU/mL）			皿2/（CFU/mL）			
沉降菌菌落总数	皿1/（CFU/皿）			皿2/（CFU/皿）			

标准要求：　　　　　　　　　　　结果判定：

任务评价

　　每个学生完成学习任务成绩评定，按学生自评、小组互评、教师评价三阶段进行，并按自评占20%，互评占30%，师评占50%作为每个学生综合评价结果，填入表2-5-4。

表2-5-4　生乳菌落总数测定学习情况评价表

评价项目		评价标准	满分	评价分值			得分
				自评	互评	师评	
素质目标	仪容仪表	白大褂整洁干净，口罩遮挡口鼻部，帽子包裹住全部头发	5				
	实验准备	能正确选择移液管、试管、锥形瓶、培养皿规格与数量，配制分装稀释液，进行无菌处理	10				
	结束实验	清扫实验环境及收拾垃圾，归位有序	10				
	实验习惯	文明操作，实验习惯良好	5				
知识目标	说明生乳菌落总数测定的意义		5				
	制订生乳菌落总数测定的实验方案		5				
技能目标	检样制备	按照要求规范着装、安全规范操作	5				
		消毒、取样、混合均匀、无菌操作正确	10				
	10倍稀释	物品摆放合理、器皿标注规范	5				
		移液管使用规范、混匀操作规范	10				
	接种	稀释度选择合理	5				
		接种操作正确	10				
		培养基加入、混匀操作正确	5				
	实验结果	菌落计数方法正确、选择菌落数合理的平板	5				
		原始数据记录正确，结果报告正确	5				
合计			100				

模块检测

（总分100分）

一、选择题（20分，每小题1分）

1. 在原料乳的收购时，要检测其酸度，常用下列哪一种方法？（　　　）

a. 用 0.1mol/L 的氢氧化钠滴定

b. 用 95% 乙醇和原料乳等量混合

c. 用比重计或密度计测定

d. 用电导率测定仪测定

2. 正常新鲜牛乳的 pH 值为（　　　）。

a. 3～4　　　　　　b. 8～9　　　　　　　　c. 4.6　　　　　　　　d. 6.5～6.7

3. 乳品工业中常用（　　　）来表示乳的新鲜度。

a. 酸度　　　　　　b.pH 值　　　　　　　　c. 密度　　　　　　　d. 冰点

4. 按照 GB/T 4789.2—2022《食品安全国家标准 食品微生物学检验 菌落总数测定》测定生乳样品时，若样品两个最低稀释度的接种培养皿中均无菌落出现，报告为（　　　）CFU/mL。

a. 0　　　　　　　　b. ＜ 1　　　　　　　　c. ＜ 10　　　　　　　d. ＜1× 稀释倍数

5. 在测定菌落总数时，首先将样品做成（　　　）倍递增稀释液。

a. 1∶5　　　　　　b. 1∶10　　　　　　　c. 1∶15　　　　　　　d. 1∶20

6. 食品菌落总数测定中，培养温度通常为（　　　）。

a. 36℃ ±1℃　　　b. 46℃ ±1℃　　　　c. 27℃ ±1℃　　　　d. 20℃ ±1℃

7. 配置氢氧化钠标准溶液时需要用（　　　）配制，并需要进行标定。

a. 无二氧化氮水　　b. 无二氧化碳水　　　　c. 无氨水　　　　　　d. 超纯水

8. 刚挤出的牛乳有一定酸度，主要由乳中的蛋白质、酸性氨基酸、柠檬酸盐、磷酸盐、二氧化碳等酸性物质所引起的，称为（　　　）。

a. 发酵酸度　　　　b. 总酸度　　　　　　c. 固有酸度　　　　　d. 乳酸度

9. 如果牛乳中不含抗生素或者抗生素的含量低于检测限，则嗜热链球菌将继续繁殖，TTC 指示剂被还原而呈（　　　）。

a. 蓝绿色　　　　　b. 红色　　　　　　　c. 紫色　　　　　　　d. 淡黄色

10. 正常新鲜牛乳的酸度为（　　　）。

a.16°T 以下　　　　b.14～18°T　　　　　c.20～22°T　　　　　d.22～24°T

11. 菌落总数的计算公式：$N=\Sigma C/（n_1+0.1n_2）d$ 其中 n_1 是指（　　　）。

a. 第一个适宜稀释度平板上的菌落数

b. 指常数 2

c. 适宜范围菌落数的第一稀释度（低）平板个数

d. 稀释因子

12. 新鲜牛乳的含酸量（乳酸 %）一般在（　　　）。

a. 0.1% 以下　　　　b. 0.2% 以下　　　　c. 0.3% 以下　　　　d. 0.4% 以下

13. 牛乳脱脂后，相对密度将（　　　）。

a. 升高　　　　　　　b. 降低　　　　　　　c. 不变　　　　　　　d. 其他

14. 牛乳的总固体减去脂肪含量得（　　　）。

a. 非脂乳固体　　　　b. 水分　　　　　　　c. 乳干物质　　　　　d. 全乳固体

15. 以下说法错误的是（　　　）。

a. 如果牛乳存放时间过长，细菌繁殖可致使其酸度明显增加

b. 如果乳牛健康状况不佳，患乳腺炎则可使酸度降低

c. 乳的酸度越高，其新鲜度越低，乳对热的稳定性就会越高

d. 酸度是反映牛乳质量的一项重要指标，生产上广泛通过测定滴定酸度来监控原料乳的新鲜度

16. 嗜热脂肪芽孢杆菌抑制法检测牛乳中抗生素时，以下说法错误的是（　　　）。

a. 培养基预先混合嗜热脂肪芽孢杆菌芽孢，并含有 pH 指示剂（溴甲酚紫），加入样品后置于 $65℃ \pm 0.5℃$ 环境下孵育

b. 若该样品中不含有抗生素或抗生素的浓度低于检测限，细菌芽孢将在培养基中生长，并利用糖产酸使 pH 指示剂的紫色变为黄色

c. 如果样品中含有高于检测限的抗生素，则细菌芽孢不会生长

d. 最终观察时，pH 指示剂的颜色为紫色，可以报告为抗生素残留阴性

17. 关于乳制品的杂质度，以下说法错误的是（　　　）。

a. 杂质度的高低直接影响着乳与乳制品质量的好坏

b. 原料乳在运输贮存和加工过程中，有时会由于外界因素和加工工艺不当而混入杂质

c. 人的肉眼看不出来的杂质，对感官溶解度等指标无影响

d. 杂质度的检测是乳制品不可缺少的指标之一

18. 菌落总数测定时，若所有稀释度的平板菌落数均小于30CFU，则应按（　　　）计算。

a. 按稀释度最低的平均菌落数乘以稀释倍数计算

b. 以小于 1 乘以最低稀释倍数计算

c. 以最接近 30 CFU 或 300CFU 的平均菌落数乘以稀释倍数计算

d. 多不可计

19. 测定生乳菌落总数时，若空白对照上有菌落生长，则（　　　）。

a. 记录为多不可计　　　　　　　　b. 此次检测结果无效

c. 报告菌落蔓延　　　　　　　　　d. 直接记录样品的菌落数即可

20. 以下不属于食品中抗生素残留引起后果的是（　　　）。

a. 可引起食用者过敏反应，严重时可危及生命

b. 可引起长期服用者体内耐药菌增加，当有重大疾病需治疗时抗菌药物失效

c. 可使得乳制品保质期延长

d. 干扰发酵乳制品的生产

二、判断题（20分，每小题1分，对的画"√"，错的画"×"）

1. 测定杂质度时，应将样品加热至沸腾。　　　　　　　　　　　　　（　　　）

2. 用样品杂质度过滤板与杂质度参考标准板比对即可得出每千克乳样含杂质的毫克数。（　　）

3. 在菌落总数检验过程中，通常选取平均菌落在 10 ～ 150CFU/mL 的平皿进行计数。（　　）

4. 菌落总数测定最新国标中使用的培养基是营养琼脂。（　　）

5. 紫外线灯还可激发空气中的氧分子缔合成臭氧分子，由于臭氧有碍健康，为保证操作者的安全，建议关闭紫外灯 30min 后方可进行操作。（　　）

6. 一般来说食品中菌落总数越多，说明食品质量越差病原菌污染可能性越大。

（　　）

7. 菌落总数表示样品中实际存在的所有细菌菌落总数。（　　）

8. 在菌落总数检验过程中，通常选取平均菌落在 10 ～ 150CFU/mL 的平皿进行计数。（　　）

9. 微生物检验是一项对前期准备要求很严格的工作。（　　）

10. 乳是一种营养价值较高的食品，成分比较复杂，主要包括水、脂肪、蛋白质、乳糖、维生素、矿物质、无机盐等。（　　）

11. 生产发酵乳制品时，为消除对菌种的有害因素有必要进行抗生素残留检验。

（　　）

12. 用酚酞指示剂法测定乳的酸度时，需要在样品中加入七水硫酸铁配成的参比溶液，得到标准参比颜色。（　　）

13. 正常牛乳在 20℃时，相对密度为 1.028 ～ 1.032，掺水的牛乳其相对密度高于此值。（　　）

14. 牛乳酸度是指牛乳在放置过程中，由于乳酸菌的作用，使乳糖发酵产生乳酸而升高的酸度。（　　）

15. 滴定法测定生乳酸度时所用的 0.1mol/L 氢氧化钠标准溶液使用前需要进行标定。

（　　）

16. 当过滤板上杂质的含量介于两个级别之间时，判定为杂质含量较少的级别。

（　　）

17. 抗生素污染食品途径主要有：非治疗目的用药、治疗目的用药，非法掺杂。

（　　）

18. 测定乳制品中理化成分的含量，不仅可以评价乳制品的品质，衡量乳制品的营养价值，而且对实现生产过程的质量管理工艺监督等方面都有着重要的意义。（　　）

19. 固体氢氧化钠易吸收空气中的水分和二氧化碳，因而常含有碳酸钠，少量的硅酸盐、硫酸盐和氯化物，因此不能直接配制成准确浓度的溶液，只能配制成近似浓度的溶液。（　　）

20. 标定用工作基准试剂邻苯二甲酸氢钾应干燥至恒重。（　　）

三、填空题（20分，每题1分）

1. 刚挤出来的牛乳，其酸度值以乳酸百分数记是 0.15% ～ 0.18%，以吉尔涅尔度记是 16 ～ 18°T，这个酸度称为牛乳的_____。

2. 乳品厂检测原料乳时，一般先用 68% 或 70% 的_____进行检测，凡产生絮状凝块的乳称为_____。

3. 乳和乳制品杂质度是指根据规定方法测得的_____液体乳样品或_____乳粉样品中，不溶于 60℃ 热水残留于过滤板上的可见带色杂质的数量。

4. 新鲜牛乳的真实酸度一般是_____°T。

5. 牛乳的固有酸度主要是由_____、_____、_____等物质引起的。

6. 食品中的总酸度测定，一般以食品中具有代表性的酸含量来表示。牛乳酸度以_____含量表示。

7. 牛乳的总酸度包括_____和_____。

8. 在检测生乳杂质度时，与杂质度标准板比较得出的过滤板上杂质量即为该样品的___，对同一样品所做的两次重复测定，其结果应一致，否则应重复再检测___次。

9. 食品中抗生素残留会带来过敏反应、_____、_____、_____等危害。

10. TTC 法检测牛乳中的抗生素残留量最终观察时，样品变为红色，报告为抗生素残留_____，样品依然呈乳的原色，报告为抗生素残留_____。

11. 嗜热脂肪芽孢杆菌抑制法检测牛乳中抗生素时，若样品中不含有抗生素或抗生素的浓度低于检测限，指示剂的紫色变为_____。

12. 由于乳发酵产酸而升高的这部分酸度称为_____。

13. 乳的滴定酸度指中和 100mL 乳所需消耗_____ mol/L 氢氧化钠标准溶液的体积。

14. 牛乳新鲜度越___，酸度越高，乳中蛋白质对热的稳定性越_____，加热后越易发生凝固。

15. 乳脂肪是中性脂肪，在牛乳中的平均含量为_____，是牛乳的主要成分之一。

16. 酚酞指示剂法检测乳的酸度时，标准参比颜色是在样品中加入_____配成的。

17. 检测乳制品的杂质度时，滤板烘干后，将其上的杂质与_____比较即得杂质度。

18. 氢氧化钠标准溶液用基准物质_____进行标定，以获得准确浓度。

19. 乳品工业中俗称的酸度，是指以标准氢氧化钠溶液用滴定法检测的_____。

20. 菌落总数是指食品样品经处理，在需氧情况下，_____℃培养_____h，能在普通营养琼脂平板上生长，培养后所得的 1mL（g）检样中所含的细菌菌落总数。

四、简答题（40分，每题5分）

1. 简述乳成分分析仪检测原料成分的检验步骤。

2. 在测定杂质度时，有哪些注意事项？

3. 什么是杂质度？如何检测？

4. 简述酚酞指示剂法检测生乳酸度的操作过程。

5. 简述 TTC 法检测牛乳中的抗生素残留量的过程。

6. 简述嗜热脂肪芽孢杆菌抑制法检测的原理。

7. 简述倾注平板法的操作过程。

8. 简述菌落总数的检测分析结果应如何表述。

模块 2
模块检测答案

陕西省"十四五"职业教育规划教材
陕西省职业教育在线精品课程配套教材

乳制品检测技术

灭菌乳检测

马兆瑞　姚瑞祺　主编

化学工业出版社
· 北 京 ·

目 录

灭菌乳又称长久保鲜乳，系指以生牛（羊）乳为原料，经净化、均质、灭菌和无菌包装或包装后再进行灭菌，从而具有较长保质期的可直接饮用的商品乳。GB 25190—2010《食品安全国家标准 灭菌乳》（含第 1 号修改单）对灭菌乳的定义、原料要求、感官要求（色泽、滋味、气味、组织状态）、理化指标（脂肪含量、蛋白质含量、非脂乳固体含量、酸度）、污染物限量、真菌毒素限量、微生物限量及其检验方法都做了明确规定。本模块根据灭菌乳重点检测指标设置了"灭菌乳感官质量评鉴、灭菌乳蛋白质测定、灭菌乳脂肪测定、灭菌乳中乳糖测定、灭菌乳非脂乳固体测定"等 5 个学习任务。

GB 25190—2010
《食品安全国家
标准 灭菌乳》
（含第1号修改单）

学习任务3-1　灭菌乳感官质量评鉴

任务描述

按照 RHB 102—2004《灭菌乳感官质量评鉴细则》完成全脂、部分脱脂或脱脂灭菌纯牛乳感官质量评鉴。

学习目标

（一）素质目标

通过学习乳制品感官评鉴员要求，形成乳制品感官评鉴员基本职业素养。以小组形式开展评鉴活动，增强分工协调和团队合作精神。

（二）知识目标

① 了解乳制品感官评鉴的作用。
② 解释乳制品感官评鉴对评鉴实验室、评鉴人员的基本要求。
③ 制定灭菌纯牛乳感官评鉴的实验方案。

（三）技能目标

① 熟练进行灭菌乳感官评鉴。
② 准确分析和处理品尝数据。

相关知识点

 知识点1　认识灭菌乳

PPT　　　　课程视频

灭菌乳是以生鲜牛（羊）乳或复原乳为主要原料，添加或不添加辅料，经灭菌制成的液体产品，由于生鲜乳中的微生物全部被杀死，灭菌乳不需冷藏，常温下保质期 1～8个月。灭菌乳达到了商业无菌状态，即不含危害公共健康的致病菌和毒素，也不含任何在产品贮存运输及销售期间能繁殖的微生物，在产品有效期内保持质量稳定性和良好的商业价值。

根据灭菌工艺的不同分为以下几种。

超高温灭菌乳：以生牛（羊）乳为原料，添加或不添加复原乳，在连续流动的状态下，加热到至少132℃并保持很短时间的灭菌，再经无菌灌装等工序制成的液体产品。

保持灭菌乳：以生牛（羊）乳为原料，添加或不添加复原乳，无论是否经过预热处理，在灌装并密封之后经灭菌等工序制成的液体产品。

进一步根据脂肪含量不同可分为：全脂灭菌乳（脂肪含量≥3.1%）、部分脱脂灭菌乳（脂肪含量1.5%左右）、全脱脂灭菌乳（脂肪含量≤0.5%）。

中国乳制品工业协会2004年11月1日发布了RHB 102—2004《灭菌乳感官质量评鉴细则》，对灭菌纯牛乳和灭菌调味乳感官质量评鉴提供依据。

知识点2　乳制品感官质量评鉴的作用

思政小课堂

通常情况下，消费者对乳制品质量优劣和可接受度的判断是倚靠其味觉、嗅觉、视觉等感官器官对乳制品评鉴得出的。因此，乳品感官评鉴可以给我们提供质量控制的相关数据，这些数据倚靠理化检测和微生物检测得不到。乳品企业通常进行两种类型的感官评鉴：一是邀请消费者和感官评鉴员对新产品进行感官评鉴，为新产品开发提供市场依据；二是通过感官评鉴员定期评鉴产品为质量管理提供依据。

1. 为新产品开发而进行的感官评鉴

（1）由消费者群体进行新产品评鉴

一种新产品在批量投放市场之前，一般会邀请消费者对新产品进行感官评鉴，调查消费者群体对于新产品接受度。进行此类调查时要注意以下几点。

① 要选取具有代表性的消费者开展调查。

② 消费者可以在家中进行新产品评鉴。

③ 需要有足够长时间对新产品进行评鉴调查，以便真实反映出消费者对新产品的接受程度。

④ 要将新产品与市场上已有产品进行比较。

⑤ 必要时可采取书信方式进行调查，以获取大量、有用、有效信息。

⑥ 要将所有调查结果进行统计。

（2）由感官评鉴员进行新产品评鉴

在新产品开发研制阶段会聘请感官评鉴员为拟定配方提供感官评鉴数据，以缩短开发时间，降低开发成本，为消费者顺利接受新产品创造条件。当新产品已被广大消费者接受，进行批量生产时，还需要感官评鉴员负责日常的质量控制，使产品具有理想、稳定的感官特性，并将产品感官特性记录存档，为以后新产品开发提供参考。

2. 进行与产品质量控制有关的感官分析

产品质量感官分析目的是通过感官评鉴来保持产品质量稳定和风味纯正，是企业产品质量管理的重点。理想的质量控制体系应从根本上把感官评鉴同微生物检测、理化检测摆在同等重要位置，在质量控制实验室里配备足够多感官评鉴人员定期对他们进行培训，但多数企业都忽视这项工作。有条件企业可以定期举行产品质量感官评鉴讨论会，用 15min 或 1h 时间进行产品质量感官评鉴讨论，借此提高感官评鉴人员业务水平。

 知识点3　乳制品感官评鉴的基本要求

1. 乳制品感官评鉴实验室要求

感官评鉴实验室应设置于无气味、无噪声区域中。为了防止评鉴前通过身体或视觉接触，使评鉴员得到一些片面、不正确信息，影响他们感官反应和判断，评鉴员进入评鉴区时要避免经过准备区和办公区。

（1）评鉴区

评鉴区是感官评鉴实验室的核心部分，气温控制在 20 ～ 22℃，相对湿度保持在 50% ～ 55%，通风情况良好，保持其中无异味、无噪声，避免不适宜温度和相对湿度对评鉴结果产生负面影响。评鉴区通常分为三个部分：品评室（图 3-1-1）、讨论室和评鉴员休息室。

图 3-1-1　品评室

① 品评室。品评室与准备区相隔离，并保持清洁。采用中性或不会引起注意力转移的色彩，如白色。房间通风情况良好，安静。根据品评室空间大小和评鉴人员数量分割成数个评鉴工作间，内设工作台和照明光源。

每个评鉴工作间长和宽约 1m。评鉴工作间过小评鉴员会感到狭隘，但过分宽大会浪费空间。为了防止评鉴员之间相互影响，评鉴工作间之间要用不透明的隔离物分隔开，隔离物高度要高于评鉴工作台面 1m 以上，两侧延伸到距离台面边缘 50cm 以上。评鉴工作间前面要设样品和评鉴工具传递窗口，一般窗口宽为 45cm、高 40cm（具体尺寸取决于所使用的样品托盘大小）。窗口下边应与评鉴工作台面在同一水平面上，便于样品和评鉴工具滑进滑出。评鉴工作间后面走廊应该足够宽，使评鉴员能够方便进出。

评鉴工作台高度通常是书桌或办公桌的高度（76cm），台面为白色，整洁干净。评鉴工作台一角装有评鉴员漱口用洁净水龙头和小型不锈钢水斗。台上配备数据输入设备或者留有数据输入端口和电源插座。

评鉴工作间应装有白色昼型照明光源。照度至少在 300 ～ 500lx，最大可到 700 ～ 800lx。可以用调光开关进行控制。光线在台面上应该分布均匀，不应造成阴影。观察区域的背景颜色应该是无反射、中性。评鉴员观察角度和光线照射在样品上的角度不应该相同，评鉴工作间设置的照明光源通常垂直在样品之上，当评鉴员落座时，他们观察角度大约与样品成 45°。

② 讨论室。讨论室通常与会议室布置相似，但室内装饰和家具设施应简单，且色彩不会影响评鉴员注意力。该室与评鉴室和准备室临近，但评鉴员视线或身体不应接触到准备室。其环境控制、照明等可参照评鉴室。

③ 评鉴员休息室。评鉴员休息室应该设施舒适，照明良好，干净整洁。同时注意防止噪声和精神上干扰对评鉴员产生的不利影响。

（2）准备区

根据样品的贮存要求，准备室要有足够贮存空间，防止样品之间相互污染。准备用具要清洁，易于清洗。要求使用无味清洗剂洗涤。准备过程中应避免外界因素对样品色香味产生影响，破坏样品质地和结构，影响评鉴结果。

2. 乳制品感官评鉴人员要求

感官评鉴人员是以乳制品专业知识为基础，经过感官分析培训，能够运用自己的视觉、触觉、味觉和嗅觉等器官对乳制品的色、香、味和质地等诸多感官特性做出正确评价的人员，参加评鉴人员一般不少于 7 人。作为乳制品感官评鉴人员必须满足下列要求：必须具备乳制品加工、检验方面的专业知识；必须是通过感官分析测试合格者，具有良好的感官分析能力；应具有良好的健康状况，不应患有色盲、鼻炎、龋齿、口腔炎等疾病；具有良好的表达能力，在对样品的感官特性进行描述性时，能够做到准确、无误、恰到好处；具有集中精力和不受外界影响的能力，热爱评鉴工作；对样品无偏见、无厌恶感，能够客观、公正地评价样品；工作前不使用香水、化妆品，不用香皂洗手；不在评鉴开始前 30min 内吸烟。

 知识点4　样品的制备

食品感官评鉴中由于受很多因素影响，故每次用于感官评鉴的样品数控制在 4 ～ 8 个，每个样品的分量控制在 30 ～ 60mL；评鉴所用器皿应不会对感官评鉴产生影响，一般采用玻璃材质，也可采用没有其他异味的一次性塑料或纸杯作为感官评鉴用器皿。

样品的准备一般要在评鉴开始前 1h 以内进行，并严格控制样品温度。将选定用于感官评鉴的样品事先存放在温度符合评鉴要求的恒温箱中，保证在统一呈送时样品温度恒定和均匀，防止因温度不均匀造成样品评鉴失真。

样品的准备要具有代表性，分割要均匀一致。由于液体乳容易造成脂肪上浮，在进行评鉴前将样品进行充分混匀再进行分装，要保证每一份样品都均匀一致。评鉴用器具要统一，在呈送给评鉴人员样品时，要注意摆放顺序，尽量让样品在每个位置上出现概率相同，或采用圆形摆放法。样品应随机编号，样品标识应采用盲标法，不应带有任何不适当信息，防止对评鉴员的客观评定产生影响。对有完整商业包装的样品，应在评鉴前对样品包装进行预处理，以去除相应的包装信息。

 知识点5 灭菌纯牛乳的感官检验

灭菌乳的感官评定
操作

1. 样品的制备

取在保质期且包装完好样品静置于自然光下，在室温下放置一段时间，保证产品温度在 20℃ ±2℃。同时取 250mL 烧杯 3 只，准备观察样品使用。准备品尝用温开水和品尝杯若干。

2. 评鉴方法

将样品置于水平台上，打开样品包装，保证样品不倾斜、不外溢。首先闻样品的气味，然后观察样品外观、色泽、组织状态，最后品尝样品的滋味。

（1）色泽和组织状态

取适量样品徐徐倾入 250mL 烧杯中，在自然光下观察色泽和组织状态。

（2）滋味和气味

用温开水漱口，然后品尝样品的滋味，嗅其气味。

3. 评鉴要求

灭菌纯牛乳包括全脂灭菌纯牛乳、部分脱脂灭菌纯牛乳和脱脂灭菌纯牛乳。其中部分脱脂灭菌纯牛乳和脱脂灭菌纯牛乳按同一类产品进行感官评鉴。

4. 评鉴标准

全脂灭菌纯牛乳感官质量评鉴细则见表 3-1-1。

表 3-1-1　全脂灭菌纯牛乳感官质量评鉴细则

项 目	特 征	得分 / 分
滋味和气味 （50分）	具有灭菌纯牛乳特有的纯香味，无异味	50
	乳香味平淡，不突出，无异味	45 ～ 49
	有过度蒸煮味	40 ～ 45
	有非典型的乳香味，香气过浓	35 ～ 39
	有轻微陈旧味，乳味不纯，或有乳粉味	30 ～ 34
	有非牛乳应有的让人不愉快的异味	20 ～ 29
色 泽 （20分）	具有均匀一致的乳白色或微黄色	20
	颜色呈略带焦黄色	15 ～ 19
	颜色呈白色至青色	13 ～ 17
组织状态 （30分）	呈均匀的液体，无凝块，无黏稠现象	30
	呈均匀的液体，无凝块，无黏稠现象，有少量沉淀	25 ～ 29
	有少量上浮脂肪絮片，无凝块，无可见外来杂质	20 ～ 24
	有较多沉淀	11 ～ 19
	有凝块现象	5 ～ 10
	有外来杂质	5 ～ 10

部分脱脂灭菌纯牛乳、脱脂灭菌纯牛乳感官质量评鉴细则见表3-1-2。

表 3-1-2　部分脱脂灭菌纯牛乳、脱脂灭菌纯牛乳感官质量评鉴细则

项目	特征	得分 / 分
滋味和气味 （50分）	具有脱脂后灭菌牛乳的香味，奶味轻淡，无异味	50
	有过度蒸煮味	40 ～ 49
	有非典型的乳香味，香气过浓	30 ～ 39
	有轻微陈旧味，乳味不纯，或有乳粉味	25 ～ 29
	有非牛乳应有的让人不愉快的异味	20 ～ 24
色泽 （20分）	具有均匀一致的乳白色或微黄色	20
	颜色呈略带焦黄色	15 ～ 19
	颜色呈白色至青色	13 ～ 17
组织状态 （30分）	呈均匀的液体，无凝块，无黏稠现象	30
	呈均匀的液体，无凝块，无黏稠现象，有少量沉淀	25 ～ 29
	有少量上浮脂肪絮片，无凝块，无可见外来杂质	20 ～ 24
	有较多沉淀	11 ～ 19
	有凝块现象	5 ～ 10
	有外来杂质	5 ～ 10

5. 评鉴数据处理

采用总分 100 分制，即最高 100 分；单项最高得分不能超过单项规定分数，最低是 0 分。在全部总得分中去掉一个最高分和一个最低分，按式（3-1-1）和式（3-1-2）计算，结果取整：

$$单项得分 = \frac{剩余的单项得分之和}{全部评鉴员数 - 2} \qquad (3\text{-}1\text{-}1)$$

$$总分 = \frac{剩余的总得分之和}{全部评鉴员数 - 2} \qquad (3\text{-}1\text{-}2)$$

任务准备

（一）知识学习

阅读本任务"知识点1～3"，扫描二维码，学习课程视频，回答引导问题1～3。

？ 引导问题1： 为什么要进行灭菌乳的感官检测？

_____

_____

？ 引导问题2： 请选择正确答案填入括号：

（1）评鉴区是感官评鉴实验室的核心部分，气温应控制在（　　）范围内，相对湿度应保持在（　　），通风情况良好，保持其中无气味、无噪声。应避免不适宜的温度和湿度对评鉴结果产生负面的影响。

a.20～22℃；50%～55%　　　　　　　　b.25～30℃；50%～55%

c.25～30℃；20%～35%　　　　　　　　d.20～22℃；20%～35%

（2）每个评鉴工作间长和宽约（　　）。评鉴工作台的高度通常是书桌或办公桌的高度（76 cm），台面为（　　），整洁干净。

a.2m、黑色　　　　b.2m、白色　　　　c.1m、白色　　　　d.1m、黑色

？ 引导问题3： 对乳制品感官评鉴人员都有哪些要求？

_____

_____

阅读本任务"知识点4～5"，扫描二维码，查阅RHB 102—2004《灭菌乳感官质量评鉴细则》，扫描二维码，学习课程视频，回答引导问题4、5。

RHB 102—2004
《灭菌乳感官质量
评鉴细则》

？ 引导问题4： 简述灭菌乳的感官检测包括哪几个方面？

_____

_____

？ 引导问题5： 请将下列名称与感官特性进行连线：

名称	感官特性
全脂灭菌纯牛乳	具有脱脂后灭菌牛乳的香味，乳味轻淡，无异味。 具有均匀一致的乳白色。 呈均匀的液体，无凝块，无黏稠现象。
部分脱脂和脱脂灭菌纯牛乳	具有灭菌调味乳应有的香味，无异味。 具有均匀一致的乳白色或调味乳应有的色泽。 呈均匀的液体，无凝块，无黏稠现象。
全脂灭菌调味乳	具有灭菌纯牛乳特有的纯香味，无异味。 具有均匀一致的乳白色或微黄色。 呈均匀的液体，无凝块，无黏稠现象。
部分脱脂和脱脂灭菌调味乳	具有脱脂后灭菌调味乳的香味，乳味轻淡，无异味。 具有均匀一致的乳白色或调味乳应有的颜色。 呈均匀的液体，无凝块，无黏稠现象，有少量沉淀。

（二）实验方案设计

通过学习相关知识点，完成表 3-1-3。

表3-1-3　实验方案设计

组长		组员	
学习项目		学习时间	
依据标准			
准备内容	仪器设备 （规格、数量）		
	试剂耗材 （规格、浓度、数量）		
	样品		
任务分工	姓名	具体工作	
具体步骤			

任务实施

依据"知识点 3 ～ 4"进行灭菌纯牛乳感官评鉴，完成表 3-1-4。

表 3-1-4　灭菌纯牛乳感官评鉴记录

样品名称（全脂）		样品批次		生产单位	
样品名称（半脱脂）					
样品名称（脱脂）					
检验人员：			审核人员：		
检验日期：		环境温度 /℃：		相对湿度 /%：	
检验依据：					

样品类型	滋味和气味		色泽		组织状态		总分	
	个人打分	平均分	个人打分	平均分	个人打分	平均分	个人打分	平均分
全脂								
半脱脂								
脱脂								

结果判定：

任务评价

　　每个学生完成学习任务的成绩评定按学生自评、小组互评、教师评价三阶段进行，并按自评占20%，互评占30%，师评占50%作为每个学生综合评价结果，填入表3-1-5。

表3-1-5　全脂灭菌纯牛乳感官评鉴任务完成情况评价表

评价项目		评价标准	满分	评价分值			得分
				自评	互评	师评	
素质目标	职业素养	评鉴前不使用香水、化妆品，不用香皂洗手，不在评鉴开始前30min内吸烟，着工作服，仪容整洁	10				
	实验习惯	准备和检查所需材料仪器	10				
		结束后，清洁整理实验室，未倒掉废液扣2分，实验用仪器未清洗干净扣2分，未整理台面并清洁扣2分，粗暴使用损坏仪器扣4分	10				
知识目标		说明乳制品感官评鉴的作用	10				
		解释乳制品感官评鉴对评鉴实验室、评鉴人员的基本要求	10				
		制订灭菌纯牛乳感官评鉴的实验方案	10				
技能目标	滋味和气味感官评鉴	能准确描述灭菌乳的滋味和气味特征，品尝滋味前不用温开水漱口扣5分	10				
	色泽感官评鉴	能准确描述灭菌乳的色泽特征	10				
	组织状态感官评鉴	能准确描述灭菌乳的组织状态特征	10				
	实验结果	能准确记录、正确计算，记录不完整美观扣5分	10				
合计			100				

学习任务3-2　灭菌乳蛋白质测定

📠 任务描述

熟悉 GB 5009.5—2025《食品安全国家标准 食品中蛋白质的测定》，采用凯氏定氮法对灭菌乳中蛋白质含量进行测定。

📚 学习目标

（一）素质目标

培养对食品安全负有的使命感和责任感。养成一丝不苟、实事求是的严谨精神。

（二）知识目标

① 了解凯氏定氮法测定蛋白质的原理。
② 熟悉凯氏定氮法测定蛋白质的步骤。

（三）技能目标

① 能熟练操作自动凯氏定氮仪。
② 能独立进行灭菌乳中蛋白质的测定。
③ 能客观记录、正确处理数据。

🧲 相关知识点

PPT　　　课程视频

🎤 知识点1　蛋白质基础知识

蛋白质是一切生命的物质基础，是机体细胞的重要组成部分，是人体组织更新和修补的主要原料。人体组织由蛋白质构成，蛋白质对人的生长发育非常重要，因此在日常膳食中我们应该保证优质蛋白的摄入，尤其是完全蛋白质，其所含必需氨基酸种类齐全、数量充足、比例适当，不但能维持成人的健康，还能促进儿童生长发育。

乳及乳制品是最佳的蛋白质食物来源之一，乳蛋白质为完全蛋白质，含有人体生长发育的一切必需氨基酸和其他氨基酸，其消化率远比植物蛋白质高，达98%～100%。由于乳及乳制品具有较高的营养价值，即使只占摄入总蛋白量的10%，也能明显补充膳食中的营养。因此对以谷物为主要食品的绝大部分世界人口而言，乳制品在食品中占有很重要地位。国家卫生健康委员会和国家市场监督管理总局于2025年3月16日发布了

GB 25190—2010《食品安全国家标准 灭菌乳》（含第 1 号修改单），该标准明确规定了牛乳中蛋白质的含量应不小于 2.9g/100g，羊乳中蛋白质的含量应不小于 2.8g/100g。

 知识点2　蛋白质的测定方法

国家卫生健康委员会联合国家市场监督管理总局于 2025 年 3 月 16 日发布了 GB 5009.5—2025《食品安全国家标准 食品中蛋白质的测定》，该标准第一法为"凯氏定氮法"，第二法为"分光光度法"，第三法为"燃烧法"，均适用于食品中蛋白质的测定。

 知识点3　凯氏定氮法的原理

食品中的蛋白质在催化加热条件下被分解，产生的氨与硫酸结合生成硫酸铵。碱化蒸馏使氨游离，用硼酸吸收后以硫酸或盐酸标准滴定溶液滴定，根据酸的消耗量计算氮含量，再乘以折算系数，即为蛋白质的含量。

1. 消化

有机含氮化合物与浓硫酸混合加热消化，使前者全部分解，氧化成二氧化碳逸散，所含的氮生成氨，并与硫酸化合形成硫酸铵残留于消化液中。

$$有机物（含 N、C、H、O、P、S 等元素）+H_2SO_4 \longrightarrow CO_2\uparrow + (NH_4)_2SO_4 + H_3PO_4 + SO_2\uparrow$$

上述有机含氮化合物的分解反应进行得很慢，消化要费很长时间，常加催化剂加速反应。硫酸铜、氯化汞等都是很强的催化剂，但是由于汞化合物是剧毒物品，对人体有害，故使用较少。硫酸钾和硫酸铜常混合使用，则起着加速氧化促进有机物分解的作用。

2. 蒸馏

消化所得的硫酸铵与浓氢氧化钠溶液反应，分解出氢氧化铵，然后用水蒸气将氨蒸出，用硼酸溶液吸收。

$$(NH_4)_2SO_4 + 2NaOH === 2NH_4OH + Na_2SO_4$$

$$NH_4OH === NH_3\uparrow + H_2O$$

凯氏定氮仪操作

3. 滴定

直接滴定法采用硼酸溶液作吸收液，氨被吸收后，酸碱指示剂颜色变化，再用盐酸滴定，直至恢复至原来的氢离子浓度为止，用去盐酸的摩尔数即相当于未知物中氨的摩尔数。滴定方程式为

$$2NH_3 + 4H_3BO_3 === (NH_4)_2B_4O_7 + 5H_2O$$

$$(NH_4)_2B_4O_7 + 5H_2O + 2HCl === 2NH_4Cl + 4H_3BO_3$$

$$NH_3 + HCl === NH_4Cl$$

知识点4 灭菌乳蛋白质测定

1. 试剂和材料

除非另有说明，本方法所用试剂均为分析纯，水为 GB/T 6682—2008 规定的三级水。

① 硫酸铜（$CuSO_4 \cdot 5H_2O$）。

② 硫酸钾（K_2SO_4）。

③ 95% 乙醇（C_2H_5OH）。

④ 硼酸溶液（20g/L）：称取 20g 硼酸，加水溶解后并稀释至 1000mL。

⑤ 氢氧化钠溶液（400g/L）：称取 40g 氢氧化钠加水溶解后，放冷，并稀释至 100mL。

⑥ 硫酸标准滴定溶液 [$c(1/2H_2SO_4)$] 或盐酸标准滴定溶液 [$c(HCl)$]0.10mol/L，按照 GB/T 601 的要求配制和标定；2 倍稀释可获得 0.050mol/L 硫酸标准滴定溶液 [$c(1/2H_2SO_4)$] 或盐酸标准滴定溶液 [$c(HCl)$]，临用现配，必要时重新标定，或直接使用经国家认证并授予标准物质证书的滴定溶液标准物质。

⑦ 甲基红乙醇溶液（1g/L）：称取 0.1g 甲基红，溶于 95% 乙醇，用 95% 乙醇稀释至 100mL。

⑧ 亚甲基蓝乙醇溶液（1g/L）：称取 0.1g 亚甲基蓝，溶于 95% 乙醇，用 95% 乙醇稀释至 100mL。

⑨ 溴甲酚绿乙醇溶液（1g/L）：称取 0.1g 溴甲酚绿，溶于 95% 乙醇，用 95% 乙醇稀释至 100mL。

⑩ A 混合指示液：2 份甲基红乙醇溶液与 1 份亚甲基蓝乙醇溶液临用时混合。

⑪ B 混合指示液：1 份甲基红乙醇溶液与 5 份溴甲酚绿乙醇溶液临用时混合。

2. 仪器和设备

① 天平：感量为 1mg。

② 消化炉。

③ 自动凯氏定氮仪。

3. 操作步骤

称取充分混匀的液体试样 10～25mL（g）（相当于 30～40mg 氮），再加入 0.4g 硫酸铜、6g 硫酸钾及 20mL 硫酸于消化炉进行消化。当消化炉温度达到 420℃之后，继续消化 1h，此时消化管中的液体呈绿色透明状，于自动或半自动凯氏定氮仪（使用前根据不同仪器优化分析参数，加入氢氧化钠溶液，盐酸或硫酸标准溶液及含有混合指示剂 A 或 B 的硼酸溶液）进行试样检测。

当蛋白质含量≤1g/100g 或 1g/100mL 时，使用 0.050mol/L 的标准滴定液滴定，当蛋白质含量 >1g/100g 或 1g/100mL 时，使用 0.10mol/L 的标准滴定液滴定。

4. 结果计算

试样中蛋白质的含量按式（3-2-1）计算：

$$X = \frac{(V_1 - V_2) \times c \times 0.0140}{m \times V_3 / V_4} \times F \times 100 \qquad （3\text{-}2\text{-}1）$$

式中　X——试样中蛋白质的含量，g/100g 或 g/100mL；

　　　　V_1——试液消耗硫酸或盐酸标准滴定液的体积，mL；

　　　　V_2——试剂空白消耗硫酸或盐酸标准滴定液的体积，mL；

　　　　c——硫酸或盐酸标准滴定溶液浓度，mol/L；

　0.0140——1.0mL 硫酸 [c（$1/2H_2SO_4$）=1.000mol/L] 或 盐酸 [c（HCl）=1.000mol/L] 标准滴定溶液当的氮的质量，g/mmol；

　　　　m——试样的质量，g 或 mL；

　　　　V_3——吸取消化液的体积，mL；

　　　　V_4——消解溶液的定容体积，mL；

　　　　F——氮折算为蛋白质的系数，各种食品中氮折算蛋白质的系数见表 3-2-1；

　100——由 g/g 转化为 g/100g 的换算系数。

　　蛋白质含量大于或等于 1g/100g 时，结果保留三位有效数字；蛋白质含量小于 1g/100g 时，结果保留两位有效数字。当只检测氮含量时，不需要乘蛋白质换算系数 F。

5. 精密度

　　在重复条件下获得的两次独立测定结果的绝对差值不得超过算术平均值的 10%。

表 3-2-1　蛋白质折算系数表

食品类别		折算系数	食品类别		折算系数
小麦	全小麦粉	5.83	大米及米粉		5.95
	麦糠麸皮	6.31	鸡蛋	鸡蛋（全）	6.25
	麦胚芽	5.80		蛋黄	6.12
	麦胚粉、黑麦、普通小麦、面粉	5.70		蛋白	6.32
燕麦、大麦、黑麦粉		5.83	肉与肉制品		6.25
小米、裸麦		5.83	动物明胶		5.55
玉米、黑小麦、饲料小麦、高粱		6.25	纯乳与纯乳制品		6.38
油料	芝麻、棉籽、葵花籽、蓖麻、红花籽	5.30	复合配方食品		6.25
	其他油料	6.25	酪蛋白		6.40
	菜籽	5.53			
坚果、种子类	巴西果	5.46	胶原蛋白		5.79
	花生	5.46	豆类	大豆及其粗加工制品	5.71
	杏仁	5.18		大豆蛋白制品	6.25
	核桃、榛子、椰果等	5.30	其他食品		6.25

思政小课堂

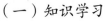 **任务准备**

GB 5009.5—2025
《食品安全国家
标准 食品中蛋白
质的测定》

（一）知识学习

扫描二维码，查阅国家标准 GB 5009.5—2025《食品安全国家标准 食品中蛋白质的测定》，回答引导问题 1～2。

? 引导问题1：食品蛋白质的测定方法有哪几种？各适用于哪些食品蛋白质的测定？

_____

_____

_____

_____

_____

? 引导问题2：请叙述你认为可用于灭菌乳中蛋白质测定的方法：

_____

_____

_____

_____

_____

阅读本任务"相关知识点"，扫描二维码学习课程视频，回答引导问题 3～4。

? 引导问题3：请简述凯氏定氮法的检测原理。

_____

_____

_____

_____

_____

_____

? 引导问题4：请尝试列出凯氏定氮法检测过程中涉及的化学方程。

_____

_____

_____

_____

_____

_____

_____

（二）实验方案设计

通过学习相关知识点，完成表 3-2-2。

表 3-2-2　实验方案设计

组长		组员	
学习项目		学习时间	
依据标准			
准备内容	仪器设备（规格、数量）		
	试剂耗材（规格、浓度、数量）		
	样品		
任务分工	姓名	具体工作	
具体步骤			

任务实施

依据"相关知识点"完成灭菌乳蛋白质测定。按式（3-2-1）计算灭菌乳蛋白质含量，完成表 3-2-3 的灭菌乳蛋白质测定记录。

表 3-2-3　灭菌乳中蛋白质的测定记录

样品名称：	样品批次：	样品状态：
生产单位：	检验人员：	审核人员：
检验日期：	环境温度 /℃：	相对湿度 /%：

检验依据：

主要设备：

$[H^+]$ 浓度 c：	初标日期：	

编号	样品质量 m/g	V_1 /mL	V_2 /mL	V_3 /mL	F	结果 X /（g/100g）	平均值 /（g/100g）	绝对差值 /（g/100g）	精密度
样 1									
样 2									

测定结果精密度是否符合要求：是□　　　　否□

标准要求：　　　　结果判定：

任务评价

　　每个学生完成学习任务的成绩评定按学生自评、小组互评、教师评价三阶段进行，并按自评占20%，互评占30%，师评占50%作为每个学生综合评价结果，填入表3-2-4。

表3-2-4　灭菌乳蛋白质测定学习情况评价表

评价项目		评价标准	满分	评价分值			得分
				自评	互评	师评	
素质目标	准备工作	着工作服，仪容整洁得5分 能正确对所需试剂、仪器进行检查得5分	10				
	结束工作	遵守实验室5S管理，未倒掉废液扣3分，未整理清洁台面扣5分；规范使用仪器，损坏仪器扣2分	10				
	实验室安全操作	能确保用电、人身、试剂、仪器安全	10				
知识目标	了解凯氏定氮法测定蛋白质的原理		10				
	熟悉凯氏定氮法测定蛋白质的步骤		10				
能力目标	消化操作	能准确称量样品、试剂，天平正确使用得3分，药匙、称量纸正确使用得2分 能正确进行消化操作，消化装置准备好得2分，空白实验准确得1分，样品和试剂准确加入得2分	10				
	蒸馏操作	能正确检查蒸馏装置得5分，能正确进行蒸馏操作得5分	10				
	酸式滴定管的使用	能正确进行试漏、润洗、装液、排空气、调零、指示剂添加，得5分；能熟练控制滴定速度，进行终点判断、读数，得5分	10				
	实验结果	能准确记录、正确计算，重复性好，误差小	10				
	实验时间	能在考核时间内完成（4h）	10				
合计			100				

学习任务3-3　灭菌乳脂肪测定

任务描述

熟悉 GB 5009.6—2016《食品安全国家标准 食品中脂肪的测定》，采用碱水解法对灭菌乳中脂肪含量进行测定。

学习目标

（一）素质目标

通过根据实际情况选择最合适脂肪检测方法，学习勇于探索精神，树立创新意识。

（二）知识目标

① 了解食品中脂肪测定的常用方法和原理。
② 熟悉碱水解法测定灭菌乳中脂肪的步骤。

（三）技能目标

① 能正确配制试剂。
② 能熟练操作抽脂瓶等器具。
③ 能独立进行灭菌乳中脂肪的测定。
④ 能客观记录、正确处理数据。

PPT　　　　课程视频

相关知识点

乳脂类是乳的主要成分之一，在乳中平均含量为3%～5%，乳脂类中98%～99%是甘油三酯，还含有约1%的磷脂和少量的甾醇、游离脂肪酸及脂溶性维生素等。乳脂类中脂肪酸为短链和中链脂肪酸，熔点低于人的体温，仅为34.5℃，且脂肪球颗粒小，呈高度乳化状态，所以极易消化吸收。乳脂类提供的热量约占牛乳总热量的一半，所含卵磷脂能大大提高大脑的工作效率。乳脂类还含有人类必需的脂肪酸和磷脂，也是脂溶性维生素的重要来源，其中维生素 A 和胡萝卜素含量很高，因而乳脂类是一种营养价值较高的脂类。国家卫生健康委员会和国家市场监督管理总局于2025 年 3 月 16 日发布了 GB 25190—2010《食品安全国家标准 灭菌乳》（含第 1 号修改单），该标准明确规定了全脂灭菌乳中脂肪的含量应不小于 3.1g/100g。

知识点1 食品中脂肪测定常用方法和原理

国家卫生和计划生育委员会联合国家食品药品监督管理总局于 2017 年 6 月 23 日实施了 GB 5009.6—2016《食品安全国家标准 食品中脂肪的测定》，该标准第一法"索氏抽提法"、第二法"酸水解法"分别适用于水果、蔬菜及其制品、粮食及粮食制品、肉及肉制品、蛋及蛋制品、水产及其制品、焙烤食品、糖果等食品中游离态脂肪、游离态脂肪及结合态脂肪总量的测定，第三法"碱水解法"、第四法"盖勃氏法"适用于乳及乳制品、婴幼儿配方食品中脂肪的测定。几种方法具体比较见表 3-3-1。

表 3-3-1 几种常用脂肪检测方法的比较

检测方法	适用范围	操作时间	仪器
索氏抽提法	固体粗提	耗时长	索氏提取器
酸水解法	适用于结合或保藏与组织中的脂肪	耗时较长	具塞刻度量筒
碱水解法	乳及乳制品	耗时短	抽脂瓶
盖勃氏法	乳及乳制品	耗时短	盖勃氏乳脂计

1. 索氏抽提法

目前国内外普遍采用抽提法，其中索氏抽提法是公认的经典方法，也是我国粮油分析首选的标准方法，主要用于粗脂肪含量的测定。其检测原理是脂肪易溶于有机溶剂（乙醚/石油醚），试样直接用无水乙醚或石油醚等溶剂抽提后，蒸发除去溶剂，干燥，得到游离态脂肪的含量。索氏抽提法适用于脂类含量较高、结合脂少、能烘干磨细不易吸潮结块样品的测定，如肉制品、豆制品、坚果制品、谷物油炸制品、中西式糕点等脂肪含量的分析检测。

2. 酸水解法

食品中的结合态脂肪必须用强酸使其游离出来，游离出的脂肪易溶于有机溶剂。试样经盐酸水解后用无水乙醚或石油醚提取，除去溶剂即得游离态和结合态脂肪的总含量。本法适用于经过加工的食品、易结块食品及不易除去水分的样品。因磷脂在酸水解条件下分解为脂肪酸和碱，故本法不宜用于测定含有大量磷脂的食品如鱼类、贝类和蛋品。此法也不适于含糖高的食品，因糖类遇强酸易碳化而影响测定结果。

3. 碱水解法

用无水乙醚和石油醚抽提样品的碱（氨水）水解液，通过蒸馏或蒸发去除溶剂，测定溶于溶剂中的抽提物脂肪质量。

4. 盖勃氏法

盖勃氏法在乳中加入硫酸破坏乳胶质性和覆盖在脂肪球上的蛋白质外膜，离心分离脂肪后测量其体积。

 知识点2 碱水解法测定灭菌乳中脂肪

除非另有说明，本方法所用试剂均为分析纯，水为 GB/T 6682—2008 规定的三级水。

1. 试剂和材料

① 氨水（$NH_3 \cdot H_2O$）：质量分数约 25%，可使用比此浓度更高的氨水。

② 乙醇（C_2H_5OH）：体积分数至少为 95%。

③ 无水乙醚（$C_4H_{10}O$）。

④ 石油醚（C_nH_{2n+2}）：沸程为 30 ~ 60℃。

⑤ 碘化钾（KI）。

⑥ 混合溶剂：等体积混合乙醚和石油醚，现用现配。

⑦ 碘溶液（0.1mol/L）：称取碘 12.7g 和碘化钾 25g，于水中溶解并定容至 1L。

⑧ 刚果红溶液：将 1g 刚果红溶于水中，稀释至 100mL。刚果红溶液可选择性地使用。刚果红溶液可使溶剂和水相界面清晰，也可使用其他能使水相染色而不影响检测结果的溶液。

⑨ 盐酸溶液（6mol/L）：量取 50mL 盐酸缓慢倒入 40mL 水中，定容至 100mL，混匀。

2. 仪器和设备

① 分析天平：感量为 0.0001g。

② 离心机：可用于放置抽脂瓶或管，转速为 500 ~ 600r/min，可在抽脂瓶外端产生 80 ~ 90g 的重力场。

③ 电热鼓风干燥箱。

④ 恒温水浴锅。

⑤ 干燥器：内装有效干燥剂，如硅胶。

⑥ 毛氏抽脂瓶（图 3-3-1）：应带有软木塞或其他不影响溶剂使用的瓶塞（如硅胶

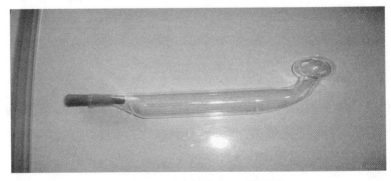

图 3-3-1 碱水解法用毛氏抽脂瓶

或聚四氟乙烯）。软木塞应先浸泡于乙醚中，后放入 ≥ 60℃以上的水中保持至少 15min，冷却后使用。不用时需浸泡在水中，浸泡用水每天更换 1 次。

3. 操作步骤

（1）试样碱水解（图 3-3-2）

脂肪抽提操作

称取充分混匀灭菌乳试样 10g（精确至 0.0001g）于抽脂瓶中。加入 2.0mL 氨水，充分混合后立即将抽脂瓶放入 65℃ ±5℃ 的水浴中，加热 15 ～ 20min，不时取出振荡。取出后，冷却至室温，静置 30s。

（2）抽提

① 加入 10mL 乙醇，缓和但彻底地进行混合，避免液体太接近瓶颈。如果需要，可加入 2 滴刚果红溶液。

② 加入 25mL 乙醚，塞上瓶塞，将抽脂瓶保持在水平位置，小球延伸部分朝上夹到摇混器上，按约 100 次 /min 振荡 1min，也可采用手动振摇方式，但均应注意避免形成持久乳化液。抽脂瓶冷却后小心地打开塞子，用少量的混合溶剂冲洗塞子和瓶颈，使冲洗液流入抽脂瓶。

③ 加入 25mL 石油醚，塞上瓶塞，按②所述，轻轻振荡 30s。

④ 将加塞的抽脂瓶放入离心机中，在 500 ～ 600r/min 下离心 5min，否则将抽脂瓶静置至少 30min，直到上层液澄清，并明显与水相分离。

⑤ 小心地打开瓶塞，用少量的混合溶剂冲洗塞子和瓶颈内壁，使冲洗液流入抽脂瓶。如果两相界面低于小球与瓶身相接处，则沿瓶壁边缘慢慢地加入水，使液面高于小球和瓶身相接处 [见图 3-3-2（a）]，以便于倾倒。

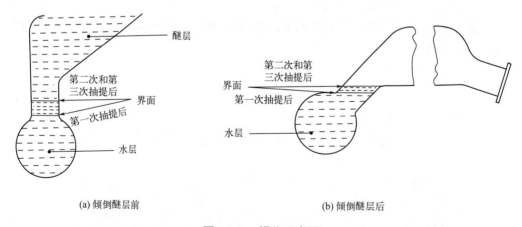

(a) 倾倒醚层前　　　　　　　　　　　　　　　(b) 倾倒醚层后

图 3-3-2　操作示意图

⑥ 将上层液尽可能地倒入已准备好的加入沸石的脂肪收集瓶中，避免倒出水层 [见图 3-3-2（b）]。

⑦ 用少量混合溶剂冲洗瓶颈外部，冲洗液收集在脂肪收集瓶中。应防止溶剂溅到抽脂瓶的外面。

⑧ 向抽脂瓶中加入 5mL 乙醇，用乙醇冲洗瓶颈内壁，按①所述进行混合。重复②～⑦操作，再进行第二次抽提，但只用 15mL 乙醚和 15mL 石油醚。

⑨ 重复②～⑦操作，再进行第三次抽提，但只用 15mL 乙醚和 15mL 石油醚。

⑩ 空白实验与样品检验同时进行，采用 10mL 水代替试样，使用相同步骤和相同试剂。

（3）称量

合并所有提取液，既可采用蒸馏的方法除去脂肪收集瓶中的溶剂，也可于沸水浴上蒸发至干来除掉溶剂。蒸馏前用少量混合溶剂冲洗瓶颈内部。将脂肪收集瓶放入 100℃ ±5℃ 的烘箱中干燥 1h，取出后置于干燥器内冷却 0.5h 后称量。重复以上操作直至恒重（直至两次称量的差不超过 2mg）。

4. 结果计算

$$X = \frac{(m_1 - m_2) - (m_3 - m_4)}{m} \times 100 \qquad (3\text{-}3\text{-}1)$$

式中　X——样品中脂肪含量，g/100g；

　　　m——样品质量，g；

　　　m_1——脂肪收集瓶和抽提物的质量，g；

　　　m_2——脂肪收集瓶的质量，或在不溶物存在下脂肪收集瓶和不溶物的质量，g；

　　　m_3——空白实验中，脂肪收集瓶和抽提物的质量，g；

　　　m_4——空白实验中，脂肪收集瓶的质量，或在不溶物存在下脂肪收集瓶和不溶物的质量，g。

以重复性条件下获得的两次独立测定结果的算术平均值表示，结果保留三位有效数字。

5. 注意事项

如果产品中脂肪的质量分数低于 5%，可只进行两次抽提。

本方法适于各种液态乳、乳粉、炼乳、奶油、稀奶油、干酪和婴幼儿配方食品中脂肪的测定，其他样品检测方法具体见 GB 5009.6—2016。

要进行空白实验，以消除环境及温度对检测结果的影响；并且空白实验与样品测定同时进行。

本实验中使用的乙醚应不含过氧化物，含过氧化物不仅影响准确性，而且在浓缩时，由于过氧化物的聚积会引起爆炸。

过氧化物的定性检出方法：取一只玻璃小量筒，用乙醚冲洗，然后加入 10mL 乙醚，再加入 1mL 新制备的 100g/L 的碘化钾溶剂，振荡，静置 1min，两相中均不得有黄色。

6. 精密度

脂肪含量≥ 15%，两次独立测定结果之差≥ 0.3g/100g；

脂肪含量 5% ～ 15%，两次独立测定结果之差≤ 0.2g/100g；

脂肪含量≤ 5%，两次独立测定结果之差≤ 0.1g/100g。

思政小课堂

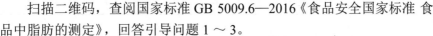 **任务准备**

GB 5009.6—2016
《食品安全国家
标准 食品中脂肪
的测定》

（一）知识学习

扫描二维码，查阅国家标准 GB 5009.6—2016《食品安全国家标准 食品中脂肪的测定》，回答引导问题 1 ～ 3。

? 引导问题1： 食品脂肪的测定方法有哪几种？哪些方法是乳制品常用的脂肪测定方法？

_____

_____

_____

_____

? 引导问题2： 请将常见的脂肪测定方法与对应的原理进行连线：

索氏抽提法	在乳中加入硫酸破坏乳胶质性和覆盖在脂肪球上的蛋白质外膜，离心分离脂肪后测量其体积。
酸水解法	试样直接用无水乙醚或石油醚等溶剂抽提后，蒸发除去溶剂，干燥，得到游离态脂肪的含量。
碱水解法	试样经盐酸水解后用无水乙醚或石油醚提取，除去溶剂即得游离态和结合态脂肪的总含量。
盖勃氏法	用无水乙醚和石油醚抽提样品的碱（氨水）水解液，通过蒸馏或蒸发去除溶剂，测定溶于溶剂中的抽提物的脂肪质量。

? 引导问题3： 请说明几种常用脂肪测定方法的优缺点

_____

_____

_____

_____

_____

阅读本任务"相关知识点"，扫描二维码学习课程视频，回答引导问题 4。

? 引导问题4： 简述碱水解法测定脂肪的原理。

_____

_____

_____

_____

_____

（二）实验方案设计

通过学习相关知识点，完成表 3-3-2。

表 3-3-2　实验方案设计

组长		组员	
学习项目		学习时间	
依据标准			
准备内容	仪器设备 （规格、数量）		
	试剂耗材 （规格、浓度、数量）		
	样品		
任务分工	姓名	具体工作	
具体步骤			

任务实施

　　根据"相关知识点"完成灭菌乳脂肪测定。按式（3-3-1）计算灭菌乳脂肪，完成表 3-3-3 的灭菌乳脂肪测定记录。

表3-3-3　灭菌乳中脂肪测定记录

样品名称：　　　　　　　　样品批次：　　　　　　　　样品状态：

生产单位：　　　　　　　　检验人员：　　　　　　　　审核人员：

检验日期　　　　　　　　环境温度 /℃：　　　　　　相对湿度 /%：

检验依据：

主要设备：

抽脂瓶编号	空白试剂收集瓶和抽提物质量 m_3/g			空白试剂收集瓶质量 m_4/g			试剂空白残余物质量 /g	试剂空白残余物质量 ≤ 0.5mg
	一次恒重 /g	二次恒重 /g	三次恒重 /g	一次恒重 /g	二次恒重 /g	三次恒重 /g		
								是□ 否□

样品质量 m/g	收集瓶和抽提物质量 m_1/g			收集瓶质量 m_2/g			脂肪含量 X /（g/100g）	平均值 /（g/100g）	绝对差值 /（g/100g）
	一次恒重 /g	二次恒重 /g	三次恒重 /g	一次恒重 /g	二次恒重 /g	三次恒重 /g			

标准要求：　　　　　　　　结果判定：

任务评价

　　每个学生完成学习任务的成绩评定按学生自评、小组互评、教师评价三阶段进行，并按自评占 20%，互评占 30%，师评占 50% 作为每个学生综合评价结果，填入表3-3-4。

表3-3-4　灭菌乳脂肪测定任务完成情况评价表

评价项目		评价标准	满分	评价分值			得分
				自评	互评	师评	
素质目标	准备工作	着工作服，仪容整洁 能正确对所需试剂、仪器进行检查	5				
	结束工作	能严格遵循实验室 5S 管理实施细则，倒掉废液得 2 分，清洗器皿得 2 分，清理台面得 2 分，规范使用仪器得 2 分，仪器器皿归位得 2 分	10				
	实验室安全操作	能确保用电、自身、试剂、仪器安全	5				
知识目标		了解食品中脂肪测定的常用方法和原理	5				
		熟悉碱水解法测定灭菌乳中脂肪的步骤	5				
技能目标	试样碱水解	称量前调试天平，能准确称量样品得 3 分，准确加入氨水得 2 分 水浴锅温度设定准确，碱水解时间充分，并不时振荡，冷却静置时间得当，得 5 分	10				
	脂肪的抽提	移液管使用（10分）：移液管专管专用得 2 分，手持移液管姿势正确得 1 分，移液管润洗 2 分，样液沿管壁放下得 1 分，放液时将移液管垂直放置得 1 分，从顶端开始向下放液体得 2 分，移液完成后稍作停靠得 1 分 洗耳球使用（5分）：使用熟练得 5 分 试剂空白（5分）：进行试剂空白实验得 5 分 能正确使用抽脂瓶进行脂肪的抽提（20分）：做平行样得 4 分，倾倒醚层未将水层倒出得 3 分，提取过程冲洗瓶颈得 3 分，试样在振摇过程中未形成持久乳化液得 5 分，进行了二次、三次提取得 5 分	40				
	脂肪的称量	能正确蒸馏或蒸发方式除掉溶剂 能正确使用干燥箱，温度和时间设定正确得 2 分，收集瓶加脂肪干燥后恒重得 5 分	10				
	实验记录	记录完整、美观得 5 分，计算正确、重复性好、误差小得 5 分	10				
合计			100				

学习任务3-4　灭菌乳中乳糖测定

任务描述

熟悉 GB 5009.8—2023《食品安全国家标准 食品中果糖、葡萄糖、蔗糖、麦芽糖、乳糖的测定》，采用莱因 - 埃农氏法对灭菌乳中乳糖含量进行检测。

学习目标

（一）素质目标

养成勤于思考的科学素养，以及孜孜不倦、严谨求实的工作态度。

（二）知识目标

① 了解乳品中乳糖测定原理。
② 熟悉灭菌乳中乳糖检测步骤，能制订检测计划。

（三）技能目标

① 能正确用乳糖标定费林氏液。
② 能独立进行灭菌乳中乳糖的检测。
③ 能客观记录、正确处理实验数据。

相关知识点

PPT　　课程视频

知识点1　乳糖及其检测方法

乳糖是人类和哺乳动物乳汁中特有的碳水化合物，是由葡萄糖和半乳糖组成的双糖，分子式为 $C_{12}H_{22}O_{11}$。牛乳中乳糖含量一般为 4.5% ～ 5.0%，平均为 4.8%。乳糖和其他糖类一样都是人体热能的来源，牛乳中总热量的 1/4 来自乳糖。除供给人体能源外，乳糖还具有与其它糖类不同的生理意义。乳糖在人体胃中不被消化吸收，可直达肠道，在人体肠道内乳糖易被乳糖酶分解成葡萄糖和半乳糖，半乳糖能促进半乳糖脑苷脂和黏多糖类的生成，它们是构成脑及神经组织——糖脂质的一种成分，对婴儿的智力发育十分重要。乳糖还能促进人体肠道内某些乳酸菌的生成，抑制腐败菌生长，有助于肠蠕动。除此之外乳糖经乳酸菌发酵生成的乳酸有利于钙及其他矿物质的吸收，防止佝偻病发生。哺乳动物中人乳的乳糖含量最为丰富，约为 7.2g/l00mL，因此婴儿食品中常强化乳糖。

GB 5009.8—2023《食品安全国家标准 食品中果糖、葡萄糖、蔗糖、麦芽糖、乳糖的测定》，规定了食品中乳糖等的测定方法。第一法高效液相色谱法，第二法离子色谱法，第三法酸水解 - 莱因 - 埃农氏法，第四法莱因 - 埃农氏法，其中第四法莱因 - 埃农氏法适用于婴幼儿食品和乳品中乳糖的测定，操作简单且成本低，是目前乳品企业常用方法。

 ## 知识点2　莱因-埃农氏法的检测原理

莱因和埃农于 1923 年在《科学》杂志（总 42 期，32 ～ 37 页），发表了《还原糖和非还原糖的测定方法》，这一方法被美国分析化学家协会（Association of Official Analytical Chemists，AOAC）验证为国际官方方法，简称为莱因 - 埃农氏法。

莱因 - 埃农氏法采用费林氏液热滴定法，氧化剂是费林氏液，它是 1849 年由德国化学家赫尔曼·冯·费林制作出来。能够还原费林氏液的糖称为还原糖，所有单糖（除二羟丙酮），不论醛糖、酮糖都是还原糖，大部分双糖也是还原糖，蔗糖例外。还原糖在费林氏液中能将 Cu^{2+} 还原，而糖本身则被氧化成各种羟酸，利用这一特性可以对还原糖进行定量测定。费林氏液由甲、乙两种溶液组成，甲液中含有硫酸铜，乙液中含有氢氧化钠和酒石酸钾钠。当甲、乙两液混合时，硫酸铜和氢氧化钠作用形成氢氧化铜沉淀，由于溶液中存在酒石酸钾钠，它和氢氧化铜形成了可溶性络合物。酒石酸络铜（Ⅱ）钾钠盐在与还原糖共热时，二价铜离子即被还原成一价的氧化亚铜红色沉淀。

费林氏液中二价铜的氧化力比亚甲基蓝强，因此所滴入的标准乳糖溶液首先使二价铜还原，只有当二价铜被还原完毕后，才能使亚甲基蓝还原为无色，测定中以此作为滴定终点。

测定乳糖时，试样经除去蛋白质后，在加热条件下，以亚甲基蓝为指示剂，直接滴定已标定过的费林氏液，根据样液消耗的体积，计算乳糖含量。具体测定时先做一对照管（不加样品），用标准乳糖滴定求知一定体积费林氏液中二价铜和亚甲基蓝的量，即测定对照管消耗的标准乳糖量（A）。再做样品管，样品中还原糖消耗费林氏液中一部分二价铜，剩余的量再用标准乳糖来滴定，即样品消耗的标准乳糖量（B）。将 A 减去 B 就可求得样品中还原糖量。

测定蔗糖时，试样经除去蛋白质后，其中蔗糖经盐酸水解为还原糖，再按还原糖测定，水解前后的差值乘以相应的系数即为蔗糖含量。

 ## 知识点3　灭菌乳中乳糖的检测

1. 试剂和材料

除非另有说明，本方法所用试剂均为分析纯，水为 GB/T 6682—2008 规定的三级水。

① 乙醇。

② 乙酸铅溶液（200g/L）：称取 200g 乙酸铅，溶于水并稀释至 1000mL。

③ 草酸钾 - 磷酸氢二钠溶液：称取草酸钾 30g，磷酸氢二钠 70g，溶于水并稀释至 1000mL。

④ 盐酸（1+1）：1 体积盐酸与 1 体积的水混合。

⑤ 氢氧化钠溶液（300g/L）：称取 300g 氢氧化钠，溶于水并稀释至 1000mL。

⑥ 费林氏液（甲液和乙液）

甲液：称取 34.639g 硫酸铜，溶于水中，加入 0.5mL 浓硫酸，加水至 500mL。

乙液：称取 173g 酒石酸钾钠及 50g 氢氧化钠溶解于水中，稀释至 500mL，静置 2d 后过滤。

⑦ 酚酞溶液（5g/L）：称取 0.5g 酚酞溶于 100mL 体积分数为 95% 的乙醇中。

⑧ 亚甲基蓝溶液（10g/L）：称取 1g 次甲基蓝于 100mL 水中。

⑨ 乳糖标准品（$C_{12}H_{22}O_{11}$，CAS 号：63-42-3）：纯度≥ 99%，或经国家认证并授予标准物质证书的标准物质。

2. 仪器和设备

① 天平：感量为 0.1mg。

② 水浴锅：温度可控制在 75℃ ±2℃。

③ 电炉。

滴定操作

3. 操作步骤

（1）用乳糖标定费林氏液

① 称取经过 96℃ ±2℃烘箱中干燥 2h 的乳糖标样约 0.75g（精确到 0.1mg），用水溶解并定容至 250mL 容量瓶中，将此乳糖溶液注入一个 50mL 滴定管中，待滴定。

② 预测滴定。吸取 10mL 费林氏液（甲、乙液各 5mL），置于 250mL 锥形瓶中。加入 20mL 蒸馏水，放入 3 ～ 5 粒玻璃珠，从滴定管中放出 15mL 样液于锥形瓶中，放置于电炉上加热，使其在 2min 内沸腾，保持沸腾 15s，加入 3 滴亚甲基蓝溶液，继续滴入样液至溶液的蓝色全部褪尽为止，读取所用样液的体积。

③ 精确滴定。另取 10mL 费林氏液（甲、乙液各 5mL），置于 250mL 锥形瓶中。加入 20mL 蒸馏水，放入 3 ～ 5 粒玻璃珠。放入比预滴定量少 0.5 ～ 1mL 的样液，置于电炉上加热，使其在 2min 内沸腾，保持沸腾 2min，加入 3 滴亚甲基蓝溶液，以每 2s 一滴的速度徐徐滴入样液，至溶液蓝色全部褪尽即为终点，记录消耗的体积。

④ 按式（3-4-1）计算费林氏液的乳糖校正值（f_1）：

$$A = \frac{V_1 \times m_1 \times 1000}{250} = 4 \times V_1 \times m_1 \tag{3-4-1}$$

$$f = \frac{4 \times V_1 \times m_1}{AL} \qquad （3\text{-}4\text{-}2）$$

式中　A——实测乳糖数，mg；

　　　V_1——滴定时消耗乳糖溶液的体积，mL；

　　　m_1——称取乳糖的质量，g；

　　　f——费林氏液的乳糖校正值；

　　　AL——由乳糖液滴定量（mL）查表 3-4-1 所得的乳糖数，mg。

表 3-4-1　乳糖及转化糖因数表（10mL 费林氏液）

滴定量 /mL	乳糖 /mg	转化糖 /mg	滴定量 /mL	乳糖 /mg	转化糖 /mg
15	68.3	50.5	33	67.8	51.7
16	68.2	50.6	34	67.9	51.7
17	68.2	50.7	35	67.9	51.8
18	68.1	50.8	36	67.9	51.8
19	68.1	50.8	37	67.9	51.9
20	68.0	50.9	38	67.9	51.9
21	68.0	51.0	39	67.9	52.0
22	68.0	51.0	40	67.9	52.0
23	67.9	51.1	41	68.0	52.1
24	67.9	51.2	42	68.0	52.1
25	67.9	51.2	43	68.0	52.2
26	67.9	51.3	44	68.0	52.2
27	67.8	51.4	45	68.1	52.3
28	67.8	51.4	46	68.1	52.3
29	67.8	51.5	47	68.2	52.4
30	67.8	51.5	48	68.2	52.4
31	67.8	51.6	49	68.2	52.5
32	67.8	51.6	50	68.3	52.5

　　注："因数"系指与滴定量相对应的数目，可自表 3-4-1 中查得。若蔗糖含量与乳糖含量的比超过 3:1 时，则在滴定量中加表 3-4-2 中的校正值后计算。

表3-4-2　乳糖滴定量校正值数

滴定终点时所用的糖液量 /mL	用 10mL 费林氏液、蔗糖及乳糖量的比	
	3∶1	6∶1
15	0.15	0.30
20	0.25	0.50
25	0.30	0.60
30	0.35	0.70
35	0.40	0.80
40	0.45	0.90
45	0.50	0.95
50	0.55	1.05

（2）乳糖的测定

① 试样处理。精确称取 100g 灭菌乳入 250mL 容量瓶中，徐徐加入 4mL 乙酸铅溶液，4mL 草酸钾 - 磷酸氢二钠溶液，并振荡容量瓶，用水稀释至刻度。静置数分钟，用干燥滤纸过滤，弃去最初 25mL 滤液后，取后续滤液待滴定。

② 预测滴定。吸取 10mL 费林氏液（甲、乙液各 5mL），置于 250mL 锥形瓶中。加入 20mL 蒸馏水，放入 3～5 粒玻璃珠，从滴定管中放出 15mL 样液于锥形瓶中，放置于电炉上加热，使其在 2min 内沸腾，保持沸腾 15s，加入 3 滴亚甲基蓝溶液，继续滴入样液至溶液的蓝色全部褪尽为止，读取所用样液的体积。

③ 精确滴定。另取 10mL 费林氏液（甲、乙液各 5mL），置于 250mL 锥形瓶中。加入 20mL 蒸馏水，放入 3～5 粒玻璃珠。放入比预滴定量少 0.5～1mL 的样液，置于电炉上加热，使其在 2min 内沸腾，保持沸腾 2min，加入 3 滴亚甲基蓝溶液，以每 2s 一滴的速度徐徐滴入样液，至溶液蓝色全部褪尽即为终点，记录消耗的体积。

4. 结果计算

试样中乳糖的含量 X 按式（3-4-3）计算

$$X = \frac{F \times f \times 0.25 \times 100}{V \times m}$$　　　　　（3-4-3）

式中　X——试样中乳糖的质量分数，g/100g；

　　　F——由消耗样液的体积（mL）查表 3-4-1 所得乳糖数，mg；

　　　f——费林氏液乳糖校正值；

V——滴定消耗滤液量，mL；

m——试样的质量，g。

以重复性条件下获得的两次独立检测结果的算术平均值表示，结果保留三位有效数字。

思政小课堂

🎵 任务准备

（一）知识学习

扫描二维码，查阅国家标准 GB 5009.8—2023《食品安全国家标准 食品中果糖、葡萄糖、蔗糖、麦芽糖、乳糖的测定》，回答引导问题 1。

GB 5009.8—2023
《食品安全国家标准 食品中果糖、葡萄糖、蔗糖、麦芽糖、乳糖的测定》

❓ 引导问题1： 简述乳品中乳糖的检测原理：

_____

_____

_____

_____

_____

_____

阅读本任务"相关知识点"，扫描二维码学习课程视频，回答引导问题 2～3。

❓ 引导问题2： 简述乳品中乳糖的检测方法：

_____

_____

_____

_____

_____

_____

_____

_____

❓ 引导问题3： 简述莱因-埃农氏法测定灭菌乳中乳糖的操作步骤？

_____

_____

_____

_____

_____

_____

_____

_____

（二）实验方案设计

通过学习相关知识点，完成表 3-4-3。

表 3-4-3　实验方案设计

组长		组员	
学习项目		学习时间	
依据标准			
准备内容	仪器设备 （规格、数量）		
	试剂耗材 （规格、浓度、数量）		
	样品		
任务分工	姓名	具体工作	
具体步骤			

姓名　　　　　　学号　　　　　　班级

任务实施

根据“相关知识点”完成灭菌乳中乳糖测定。计算灭菌乳中乳糖含量，完成表 3-4-4 的灭菌乳乳糖测定记录。

表 3-4-4　灭菌乳中乳糖测定记录

样品名称：	样品批次：	样品状态：
生产单位：	检验人员：	审核人员：
检验日期：	环境温度 /℃：	相对湿度 /%：
检验依据：		
主要设备：		

乳糖的测定　　　　费林氏液乳糖校正值 f_1：　　　　初标日期：

样品序号	样品质量 m/g	滴定消耗滤液量 V_1/mL	查表所得乳糖数 F_1/mg	乳糖质量分数 X/（g/100g）	乳糖平均值 /（g/100g）	相对误差 ≤ 1.5%

标准要求：	结果判定：

任务评价

每个学生完成学习任务的成绩评定按学生自评、小组互评、教师评价三阶段进行，并按自评占 20%，互评占 30%，师评占 50% 作为每个学生综合评价结果，填入表 3-4-5。

表3-4-5　灭菌乳中乳糖的测定任务完成情况评价表

评价项目	评价标准		满分	评价分值			得分
				自评	互评	师评	
素质目标	准备工作	着工作服，仪容整洁 能正确对所需试剂、仪器进行检查	5				
	结束工作	能严格遵循实验室 5S 管理实施细则	5				
	实验室安全操作	能确保用电、自身、试剂、仪器安全	10				
知识目标	了解乳品中乳糖测定原理		5				
	熟悉灭菌乳中乳糖测定步骤，能制定测定计划		5				
技能目标	样品称量	能准确称量样品、试剂，注意天平使用前调平和使用后清洁	5				
	样品处理	能正确进行样品处理、样品定容	10				
	转化糖	能准确控制操作温度、时间	15				
	滴定	能正确进行预滴定 能正确进行精确滴定	30				
	实验记录	能准确记录并计算滴定数据，完成检测报告	10				
合计			100				

学习任务3-5　灭菌乳非脂乳固体测定

📑 任务描述

熟悉 GB 5413.39—2010《食品安全国家标准 乳和乳制品中非脂乳固体的测定》，完成灭菌乳非脂乳固体测定。

📖 学习目标

（一）素质目标

养成崇尚真理、注重效率、严谨认真、客观公正、敢于创新的良好科学素养，以及热爱本职工作、爱岗敬业的职业素养。

（二）知识目标

① 能解释非脂乳固体的定义及其测定方法。
② 能说明非脂乳固体的测定原理。

（三）技能目标

能独立进行灭菌乳中非脂乳固体的测定。

PPT　　　　　课程视频

🧲 相关知识点

🎤 知识点1　非脂乳固体的定义及其测定方法

乳是哺乳动物为哺育幼儿从乳腺分泌的一种白色或稍带黄色的不透明液体，它含有幼小动物生长发育所需要的全部营养成分，包括水分、蛋白质、脂类、碳水化合物、矿物质、维生素、酶类及多种微量成分，因动物种类、品种、泌乳阶段、饲养管理方法等因素不同而有所变化。乳中除水之外的物质，称乳固体（total solids，TS）。由于乳固体中脂肪含量变化大，因此在实际工作中常用非脂乳固体（solids-not-fat，SNF）作为判断乳中营养价值的测定指标，其包含除脂肪外的所有乳中固体物质，主要组成为蛋白质、碳水化合物、矿物质、维生素等。

生鲜乳的非脂乳固体一般为 9%～12%，GB 25190—2010《食品安全国家标准 灭菌乳》（第 1 号修改单）中规定灭菌乳的非脂乳固体 ≥ 8.1g/100g。乳和乳制品中非脂乳固体含量测定的主要依据为 GB 5413.39—2010《食品安全国家标准 乳和乳制品中非脂乳固体的测定》，此标准适用于生乳、巴氏杀菌乳、灭菌乳、调制乳、发酵乳中非脂乳固体的测定。

灭菌乳中非脂肪
固体的测定

知识点2　灭菌乳中非脂乳固体的测定

1. 原理

先分别测定出乳及乳制品中的总固体含量、脂肪含量（如添加了蔗糖等非乳成分含量，也应扣除），再用总固体减去脂肪和蔗糖等非乳成分含量，即为非脂乳固体。

2. 试剂和材料

除非另有规定，本方法所用试剂均为分析纯，水为 GB/T 6682—2008 规定的三级水。

① 平底皿盒：高 20 ～ 25mm，直径 50 ～ 70mm 的带盖不锈钢或铝皿盒，或玻璃称量皿。

② 短玻璃棒：适合于皿盒的直径，可斜放在皿盒内，不影响盖盖。

③ 石英砂或海砂：可通过 500μm 孔径的筛子，不能通过 180μm 孔径的筛子，并通过以下适用性测试。将约 20g 的海砂同短玻棒一起放于一皿盒中，然后敞盖在 100℃ ±2℃ 的干燥箱中至少烘 2h。把皿盒盖盖后放入干燥器中冷却至室温后称量，准确至 0.1mg。用 5mL 水将海砂润湿，用短玻棒混合海砂和水，将其再次放入干燥箱中干燥 4h。把皿盒盖盖后放入干燥器中冷却至室温后称量，精确至 0.1mg，两次称量的差不应超过 0.5mg。如果两次称量的质量差超过了 0.5mg，则需对海砂进行下面的处理后，才能使用。将海砂在体积分数为 25% 的盐酸溶液中浸泡 3d，经常搅拌。尽可能地倾出上清液，用水洗涤海砂，直到中性。在 160℃ 条件下加热海砂 4h。然后重复进行适用性测试。

3. 仪器和设备

① 天平：感量为 0.1mg。

② 干燥箱。

③ 水浴锅。

4. 操作步骤

① 总固体的测定。在平底皿盒中加入 20g 石英砂或海砂，在 100℃ ±2℃ 的干燥箱中干燥 2h，于干燥器冷却 0.5h，称量，并反复干燥至恒重。称取 5.0g（精确至 0.0001g）试样于恒重的皿内，置水浴上蒸干，擦去皿外的水渍，于 100℃ ±2℃ 干燥箱中干燥 3h，取出放入干燥器中冷却 0.5h，称量，再于 100℃ ±2℃ 干燥箱中干燥 1h，取出冷却后称量，至前后两次质量相差不超过 1.0mg。试样中总固体的含量按下式计算：

$$X = \frac{m_1 - m_2}{m} \times 100 \qquad (3\text{-}5\text{-}1)$$

式中　X——试样中总固体的含量，g/100g；

　　　m_1——皿盒、海砂加试样干燥后质量，g；

　　　m_2——皿盒、海砂的质量，g；

m——试样的质量，g。

② 脂肪的测定按 GB 5009.6—2016 中规定的方法检测。

③ 蔗糖的测定按 GB 5009.8—2023 中规定的方法检测。

5. 结果计算

$$X_{SNF} = X - X_1 - X_2 \qquad (3\text{-}5\text{-}2)$$

式中　X_{SNF}——试样中非脂乳固体的含量，g/100g；

X——试样中总固体的含量，g/100g；

X_1——试样中脂肪的含量，g/100g；

X_2——试样中蔗糖的含量，g/100g。

以重复性条件下获得的两次独立测定结果的算术平均值表示，结果保留三位有效数字。

思政小课堂

任务准备

（一）知识学习

阅读"相关知识点"，扫描二维码学习课程视频，回答引导问题 1 ～ 2。

引导问题1：将下列名称与解释进行连线。

非脂乳固体	乳中除水之外的物质。
全乳固体	牛乳中的总固体含量。
乳固体	除脂肪外的所有乳中固体物质。

引导问题2：上网查阅相关资料，了解非脂乳固体对乳制品的作用。

_____

_____

_____

_____

_____

_____

　　扫描二维码，查阅 GB 5413.39—2010《食品安全国家标准 乳和乳制品中非脂乳固体的测定》，完成引导问题 3。

引导问题3：乳制品中非脂乳固体的测定原理是什么？

GB 5413.39—2010《食品安全国家标准 乳和乳制品中非脂乳固体的测定》

_____

_____

_____

_____

_____

_____

_____

_____

_____

（二）实验方案设计

通过学习相关知识点，完成表 3-5-1。

表 3-5-1　实验方案设计

组长		组员	
学习项目		学习时间	
依据标准			
准备内容	仪器设备 （规格、数量）		
	试剂耗材 （规格、浓度、数量）		
	样品		
任务分工	姓名	具体工作	
具体步骤			

任务实施

依据"相关知识点"完成灭菌乳中非脂乳固体的测定。计算灭菌乳中非脂乳固体，完成表 3-5-2 的灭菌乳中非脂乳固体测定记录。

表 3-5-2　灭菌乳中非脂乳固体测定记录

样品名称：　　　　　　　样品批次：　　　　　　　样品状态：

生产单位：　　　　　　　检验人员：　　　　　　　审核人员：

检验日期　　　　　　　　环境温度 /℃：　　　　　　相对湿度 /%：

检验依据：

主要设备：

样品序号	皿加海砂的质量 m_2/g	皿、海砂加试样干燥后质量 m_1/g	试样的质量 m/g	试样中总固体的含量 X/（g/100g）

样品序号	样品中脂肪含量 X_1/（g/100g）	样品中蔗糖含量 X_2/（g/100g）	非脂乳固体 X_{SNF}/（g/100g）	非脂乳固体平均值 /（g/100g）

标准要求：　　　　　　　结果判定：

任务评价

　　每个学生完成学习任务的成绩评定按学生自评、小组互评、教师评价三阶段进行，并按自评占 20%，互评占 30%，师评占 50% 作为每个学生综合评价结果，填入表 3-5-3。

表 3-5-3　灭菌乳非脂乳固体测定任务完成情况评价表

评价项目		评价标准	满分	评价分值			得分
				自评	互评	师评	
素质目标	准备工作	着工作服，仪容整洁得 5 分 能对所需试剂、仪器进行准备得 15 分	15				
	结束工作	未倒掉废液扣 2 分 实验用仪器未清洗干净扣 2 分 未整理好台面扣 2 分 未将台面擦干净扣 2 分 不规范使用、损坏仪器扣 2 分	10				
	实验室安全操作	用电、自身、试剂和仪器使用安全	5				
知识目标	能解释非脂乳固体的定义及其测定方法		5				
	能说明非脂乳固体的测定原理		5				
技能目标	样品称量	称量前调平天平得 1 分 读数和称量后天平门关严得 1 分 填写仪器使用记录得 1 分 称量完清理天平得 1 分 样品、药品、器具使用完立即归位得 1 分	5				
	离心机使用	未按照操作规程操作扣 3 分 乳脂计放入离心机中不正确扣 5 分，使用完未清洗扣 2 分	10				
	移液管量取	手持移液管操作不正确扣 1 分 移液管未润洗扣 1 分 移液管做到专管专用得 1 分 样液未沿管壁放下扣 1 分 放液时未将移液管垂直放置扣 1 分 未从顶端开始向下放液体扣 2 分 移液完成后未停靠 15s 扣 2 分 吸耳球使用熟练得 1 分	10				
	乳脂计的使用	读数时视线和滴定管内溶液凹液面的最低点保持水平。读数方法不正确扣 5 分 硫酸添加量不对或忘记添加扣 2 分 加硫酸时操作方法不正确扣 3 分	10				
	固形物测定	铝称量皿中未加海砂扣 5 分 加海砂的铝称量皿未在干燥箱恒重扣 2 分样品水浴蒸干操作不当或未蒸干扣 5 分 蒸干的样品未恒重称量扣 3 分	15				
	实验结果	记录准确、完整、美观得 3 分 计算过程准确、结果正确得 5 分 平行操作重复性正确得 4 分 结果与参照结果偏离扣 3 分	10				
合计			100				

模块检测

一、选择题（20分，每小题1分）

1. 食品中蛋白质测定的方法有（　　　）。

a. 凯氏定氮法　　　　b. 分光光度法　　　　c. 燃烧法　　　　d. 提取法

2. 自动凯氏定氮法测定灭菌乳中蛋白质所需的仪器设备有（　　　）。

a. 天平　　　　b. 马弗炉　　　　c. 消化炉

d. 干燥箱　　　　e. 自动凯氏定氮仪

3. 不属于自动凯氏定氮法测定灭菌乳中蛋白质的试剂是（　　　）。

a. 硫酸铜、硫酸钾　　　　　　　　b. 硫酸、硼酸

c. 甲基红、溴甲酚绿、亚甲基蓝　　d. 氢氧化钾

4. 自动凯氏定氮法测定灭菌乳中蛋白质使用的 B 混合指示液是（　　　）。

a.1 份甲基红与 2 份溴甲酚绿乙醇溶液

b.1 份甲基红与 5 份溴甲酚绿乙醇溶液

c.2 份溴甲酚绿与 1 份亚甲基蓝乙醇溶液

d.1 份甲基红与 5 份亚甲基蓝乙醇溶液

5. 常用的乳制品脂肪检测方法为（　　　）。

a. 索氏抽提法　　　　b. 酸水解法　　　　c. 碱水解法　　　　d. 盖勃氏法

6. 属于碱水解法测定灭菌乳中脂肪所需的试剂有（　　　）。

a. 刚果红、氨水　　　　　　　　b. 乙醇、无水乙醚、石油醚

c. 淀粉酶、盐酸　　　　　　　　d. 碘、碘化钾

7. 碱水解法测定灭菌乳中脂肪使用的混合溶剂是（　　　）。

a. 等体积混合的乙醇与乙醚　　　　b. 等体积混合的乙醇与石油醚

c. 等体积混合的乙醚与石油醚　　　d. 等体积混合的乙醚与氨水

8. 不属于碱水解法测定灭菌乳中脂肪所需的仪器设备是（　　　）。

a. 分析天平　　　　b. 水浴锅　　　　c. 离心机

d. 干燥箱　　　　e. 抽脂瓶

9. 灭菌乳中非脂乳固体含量计算中，（　　　）指标可以忽略不计。

a. 二氧化碳　　　　b. 水分　　　　c. 脂肪　　　　d. 蔗糖

10. 灭菌乳中乳糖的测定方法有（　　　）。

a. 显色法　　　　b. 高效液相色谱法　　　c. 比色法　　　　d. 莱因 - 埃农氏法

11. 不属于莱因 - 埃农氏法测定灭菌乳中乳糖所需的试剂是（　　　）。

a. 硫酸铜、浓硫酸　　　　　　　b. 酒石酸钾钠、氢氧化钠

c. 甲基红、溴甲酚绿　　　　　　d. 乙酸铅、草酸钾

12. 不属于灭菌乳中乳糖测定所需的仪器设备是（　　　）。

a. 分析天平　　　　b. 电炉　　　　c. 水浴锅　　　　d. 超声波振荡器

13. 对于感官检验实验室的要求，不正确的说法是（　　　）。

a. 感官检验实验室要远离其他实验室，清洁、安静、无异味

b. 感官检验实验室应布置成三个独立的区域：办公室、样品准备室、检验室

c. 检验室用于进行感官检验，室内的颜色要深一些，不宜用白色

d. 检验台上装有漱洗盘和水龙头，用来冲洗品尝后吐出的样品

14. 不属于全脂灭菌纯牛乳的感官特性的是（　　　　）。

a. 具有灭菌纯牛乳特有的纯香味，无异味

b. 具有均匀一致的乳白色或微黄色

c. 呈均匀的液体，无凝块，无黏稠现象

d. 具有脱脂后灭菌牛乳的香味，奶味轻淡

15. 评鉴区是感官评鉴实验室的核心部分，气温应控制在（　　　）℃范围内，相对湿度应保持在（　　　），通风情况良好，保持其中无气味、无噪声。

a.20～22℃，50%～55%　　　　　　　　b.10～18℃，30%～45%

c.20～22℃，30%～45%　　　　　　　　d.10～18℃，50%～55%

16. 牛奶的触觉特性，是物理和化学成分共同作用的结果，促进这种特性形成的是（　　　），它们结合到一起形成光滑的感觉。

a. 无机盐、脂肪　　　b. 蛋白质、脂肪　　　c. 蛋白质、维生素　　　d. 水分、蛋白质

17. 鲜奶的非脂乳固体一般为（　　　　）左右。

a.2%～12%　　　　　b.9%～20%　　　　　c.2%～9%　　　　　d.9%～12%

18. 先测定出乳及乳制品中的总固体含量，再用总固体减去（　　　）等成分含量，即为非脂乳固体。

a. 脂肪和蔗糖　　　b. 脂肪和水分　　　c. 脂肪和蛋白质　　　d. 脂肪和无机盐

19. 非脂乳固体的主要组成为：（　　　）等。

a. 脂肪、糖类、酸类、维生素类　　　　　b. 蛋白质类、糖类、酸类、维生素类

c. 蛋白质、糖类、无机盐、维生素类　　　d. 蛋白质类、糖类、酸类、脂肪类

20. 在 GB 25190—2010《食品安全国家标准 灭菌乳》（第 1 号修改单）中对非脂乳固体的含量均有规定，非脂乳固体需≥（　　　）。

a.8.1g/100g　　　　b.9.1g/100g　　　　c.2.1g/100g　　　　d.12.1g/100g

二、判断题（20分，每小题1分，对的画"√"，错的画"×"）

1. 灭菌乳蛋白质的测定应采用国标第三法。　　　　　　　　　　　　　（　　　）

2. 溴甲酚绿乙醇溶液（1g/L）是将 0.1g 溴甲酚绿溶于乙醇，并用乙醇稀释至 100mL 配制而成。　　　　　　　　　　　　　　　　　　　　　　　　（　　　）

3. 灭菌乳中的蛋白质在催化加热条件下被分解，产生氨与硫酸结合生成硫酸铵。碱化蒸馏使氨游离，用硼酸吸收后以硫酸或盐酸标准滴定溶液滴定，由此可计算蛋白质的含量。　　　　　　　　　　　　　　　　　　　　　　　　　　　　（　　　）

4. A 混合指示液是由 2 份甲基红乙醇溶液与 1 份亚甲基蓝乙醇溶液配制而成。

（　　　）

5. 索氏抽提法是公认经典的脂肪抽提法，也是我国粮油分析首选的标准方法，主要用于粗脂肪含量的测定。　　　　　　　　　　　　　　　　　　　　（　　　）

6. 酸水解法是用无水乙醚和石油醚抽提样品的碱（氨水）水解液，通过蒸馏或蒸发去除溶剂，测定溶剂中抽提物的脂肪质量。　　　　　　　　　　　　　（　　　）

7. 碱水解法将试样经盐酸水解后用无水乙醚或石油醚提取，除去溶剂即得脂肪含量。　　　　　　　　　　　　　　　　　　　　　　　　　　　　（　　）

8. 盖勃法是在乳中加入硫酸破坏乳胶质性和覆盖在脂肪球上的蛋白质外膜，离心分离脂肪后测量其体积。　　　　　　　　　　　　　　　　　　　　　（　　）

9. 灭菌乳中乳糖的测定可以采用高效液相色谱法或莱因 - 埃农氏法。　（　　）

10. 费林氏甲液的配制方法是：称取 173g 酒石酸钾钠及 50g 氢氧化钠溶解于水中，稀释至 500mL，静置两天后过滤。　　　　　　　　　　　　　（　　）

11. 费林氏乙液的配制方法是：称取 34.639g 硫酸铜，溶于水中，加入 0.5mL 浓硫酸，加水至 500mL。　　　　　　　　　　　　　　　　　　　　　（　　）

12. 试样经除去蛋白质后，在加热条件下，以次甲基蓝为指示剂，直接滴定已标定过的费林氏液，根据样液消耗的体积，计算乳糖含量。　　　　　　　　（　　）

13. 灭菌乳是以生鲜牛（羊）乳或复原乳为主要原料，添加或不添加辅料，经灭菌制成的液体产品，由于生鲜乳中的微生物全部被杀死，灭菌乳不需冷藏，常温下保质期 1 ~ 8 个月。　　　　　　　　　　　　　　　　　　　　　　（　　）

14. 脱脂灭菌纯牛乳具有灭菌调味乳应有的香味，无异味，具有均匀一致的乳白色或调味乳应有的色泽，呈均匀的液体，无凝块，无黏稠现象。　　　　（　　）

15. 通常情况下，消费者对乳制品质量优劣和可接受度的判断是倚靠其味觉、嗅觉、视觉等感官器官对乳制品评鉴得出的。　　　　　　　　　　　　　（　　）

16. 经过深加工的乳制品风味，如脱脂乳和乳脂（稀奶油），由于蛋白质成分的区别就产生了不同口感和各种各样感觉。　　　　　　　　　　　　　（　　）

17. 样品的准备一般要在评鉴开始前 2h 以内，并严格控制样品温度。　（　　）

18. 全乳固体主要包含除脂肪外的所有乳中固体物质。　　　　　　　（　　）

19. 非脂乳固体可以作为判断牛奶中营养价值的指标，这个指标越高，说明该牛奶中蛋白质、乳糖、矿物质和维生素等营养物质含量高，牛奶质量越好。　　（　　）

20. 非脂固形物过多时，则脂肪特有的奶油味将被消除、而炼乳臭或脱脂奶粉臭将因此而出现。　　　　　　　　　　　　　　　　　　　　　　　　（　　）

三、填空题（20分，每题1分）

1. 灭菌乳蛋白质的测定参照的是《食品安全国家标准＿＿＿＿＿＿＿＿＿＿》。

2. 消化是指有机物与浓硫酸混合加热，使前者全部分解，氧化成二氧化碳逸散，所含的氮生成氨，并与硫酸化合形成＿＿＿＿残留于消化液中。

3. 蒸馏是指消化所得物质与浓氢氧化钠溶液反应，分解出＿＿＿＿＿＿，然后用水蒸气将氨蒸出，用硼酸溶液吸收。

4. 直接滴定法采用硼酸溶液作吸收液，氨被吸收后，酸碱指示剂颜色变化，再用＿＿＿＿＿＿＿＿滴定，直至恢复至原来的氢离子浓度为止。

5. ＿＿＿＿＿＿＿法适用于果蔬、粮食、肉蛋、水产等固体食品中脂肪的粗提，操作时间长。

6. ＿＿＿＿＿＿＿法适用于结合或保藏于食品组织中的脂肪，测定耗时较长。

7. ＿＿＿＿＿＿＿应带有软木塞或其他不影响溶剂使用的瓶塞，是碱水解法测定脂肪含量的专用器具。

8. 与样品测定同时进行_____，以消除环境及温度对检测结果的影响。

9. 碳水化合物是_____、_____、_____的总称。

10. _____是乳制品中最重要的碳水化合物。

11. 灭菌乳中乳糖含量的测定参照的是《食品安全国家标准_____》。

12. 试样经除去蛋白质后，在加热条件下，以_____为指示剂，直接滴定已标定过的费林氏液，根据样液消耗的体积，可计算灭菌乳中乳糖含量。

13. 乳品感官评鉴可以给我们提供____的相关数据，这样的数据是依据_____和_____得不到的。

14. 在乳品市场，乳制品的理想风味可以用一个_____来描述，这是一个非常重要的概念。

15. 在对灭菌纯牛乳感官评鉴进行样品的制备时，需取在保质期且包装完好样品静置于___下，在室温下放置一段时间，保证产品温度在_____℃。同时取 250mL 烧杯一只，准备观察样品使用。

16. 乳中除水之外的物质，称乳固体（total solids，Ts），乳固体又可分为_____和_____。

17. 灭菌乳又称长久保鲜乳，系指以新鲜牛乳（羊乳）为原料，经_____、_____、_____和_____后再进行_____，从而具有较长保质期的可直接饮用的商品乳。

18. 灭菌乳达到了_____，即不含危害公共健康的致病菌和毒素；不含任何在产品贮存运输及销售期间能繁殖的微生物；在产品有效期内保持质量稳定和良好的商业价值，不变质。

19. _____主要包含除脂肪外的所有乳中固体物质。

20. _____指标越高，说明该牛奶中蛋白质、乳糖、矿物质和维生素等营养物质含量高，牛奶质量越好。

四、简答题（40分，每题8分）

1. 请简述灭菌纯牛乳的感官评鉴过程。

2. 请简述凯氏定氮法的原理。

3. 试论述碱水解法的操作步骤。

4. 请简要说明乳糖测定的注意事项。

5. 请简述灭菌纯牛乳非脂乳固体的测定原理与方法。

模块 3
模块检测答案

陕西省"十四五"职业教育规划教材
陕西省职业教育在线精品课程配套教材

乳制品检测技术

婴幼儿乳粉检测

马兆瑞　姚瑞祺　主编

化学工业出版社

·北京·

目　录

婴幼儿配方食品是无法实现母乳喂养的婴幼儿重要的甚至唯一的营养物质来源，直接关系亿万家庭的幸福和国家民族的未来，中国目前婴幼儿配方食品系列标准有GB 10765—2021《食品安全国家标准 婴儿配方食品》、GB 10766—2021《食品安全国家标准 较大婴儿配方食品》、GB 10767—2021《食品安全国家标准 幼儿配方食品》和GB 25596—2025《特殊医学用途婴儿配方食品通则》，对婴幼儿配方食品的宏、微量营养素含量，污染物、真菌毒素和致病菌限量都做了明确要求。

婴幼儿配方乳粉是指以牛（羊）乳及（或）其乳蛋白制品为主要蛋白来源，加入适量的维生素、矿物质和（或）其他原料，仅用物理方法生产加工制成的适用于0～36月龄婴幼儿食用的粉状婴幼儿配方食品。

本模块以婴幼儿配方乳粉为项目载体，兼顾仪器分析方法的代表性，设置了婴幼儿配方乳粉钙的测定、婴幼儿配方乳粉碘的测定、婴幼儿配方乳粉铅的测定和婴幼儿配方乳粉三聚氰胺的检测等4个学习任务。

学习任务4-1 婴幼儿配方乳粉钙的测定

📑 任务描述

熟悉GB 5009.92—2016《食品安全国家标准 食品中钙的测定》，采用火焰原子吸收光谱法测定婴幼儿乳粉中的钙。

📚 学习目标

（一）素质目标

① 培养严格依据食品安全国家标准进行食品安全监管的意识。

② 养成检测数据科学精准，检测结果准确可信，检测结论客观公正的诚实守信工作态度。

（二）知识目标

① 熟悉火焰原子吸收光谱法测定钙的原理。

② 能制定火焰原子吸收光谱法测定钙的实验方案。

（三）技能目标

① 能对样品进行预处理。

② 能进行婴幼儿配方乳粉钙元素的测定。

③ 能进行检测结果的分析。

相关知识点

PPT　　课程视频

 知识点1　原子吸收光谱法测定钙的相关理论知识

1.食品中钙元素含量的测定方法

GB 5009.92—2016《食品安全国家标准 食品中钙的测定》中规定的方法有：火焰原子吸收光谱法、EDTA 滴定法、电感耦合等离子体发射光谱法和电感耦合等离子体质谱法。

2.火焰原子吸收光谱法测定钙的原理

试样经消解处理后，加入镧溶液作为释放剂，经原子吸收火焰原子化，在 422.7nm 处测定的吸光度值在一定浓度范围内与钙含量成正比，与标准系列比较定量。

3.原子吸收光谱法分析原理

原子吸收光谱法是 20 世纪 50 年代产生，60 年代得以快速发展的一种新型仪器分析方法，它根据物质产生的原子蒸气中待测元素的基态原子对光源特征辐射谱线吸收程度进行定量分析。

原子吸收分光光度法与紫外 - 可见分光光度法都属于吸收光谱分析法，测定方法相似，但有实质区别，原子吸收光谱是原子产生吸收，而紫外 - 可见吸收光谱是分子或离子产生吸收。

（1）原子吸收光谱的产生及共振线

在一般情况下，原子处于能量最低状态，称为基态（E_0）。当原子吸收外界能量被激发时，其最外层电子可能跃迁到较高的不同能级上，原子的这种运动状态称为激发态（E_n）。当基态原子受到一定频率的光照射时，如果光子的能量恰好等于该基态原子与某一较高能级之间的能级差时，该原子吸收这一频率的光，其外层电子从基态跃迁到激发态，而产生原子吸收光谱。电子吸收一定能量从基态跃迁到能量最低的激发态（第一激发态）时所吸收的辐射线，称为共振线。各种元素的原子结构和外层电子排布不同，不同元素的原子从基态激发至第一激发态时，吸收的能量也不同，因而各种元素的共振线不同而各有其特征性，这种共振线是元素的特征谱线。

（2）原子吸光度与原子浓度的关系

当使用锐线光源垂直通过试样中均匀的原子蒸气时，在一定实验条件下，吸光度（A）与试样中待测元素浓度（c）的关系可表示为：$A=Kc$。即在一定的实验条件下，吸光度与试样中的被测组分浓度成正比，只要测出吸光度，就可以求出被测元素的含量。

 知识点2　原子吸收光谱仪的结构组成

原子吸收光谱法中所用的仪器称为原子吸收光谱仪，主要由锐线光源、原子化系统、分光系统和检测和数据处理系统四个部分组成，如图 4-1-1 所示。

1.锐线光源

（1）基本要求

锐线光源的作用是发射待测元素的特征谱线，以满足吸收测量的要求。其基本要求为：能发射待测元素的共振线；辐射强度足够大；稳定性好且背景干扰小。空心阴极灯、蒸气放电灯及无极放电灯都符合上述条件，目前应用最广泛的是空心阴极灯。

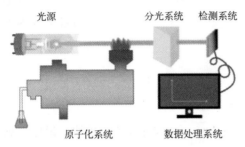

图 4-1-1　原子吸收光谱仪的结构

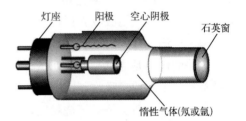

图 4-1-2　空心阴极灯的结构

（2）空心阴极灯

空心阴极灯的结构见图 4-1-2，它的阳极是镶钛丝或钽片的钨棒，阴极是由待测元素的金属或合金制成的空心桶状物。阳极和阴极均封闭在带有光学石英窗的硬质玻璃管内，管中充有几百帕的低压惰性气体氖或氩。在阴阳两极间加 300～500V 电压时，阴极开始发光发电。空心阴极灯发射的光谱主要是阴极元素的光谱。阴极材料只含一种元素，则称为单元素灯，发射线强度高、稳定性好、背景干扰少，但每测一种元素就得换种灯。若阴极材料含多种元素，则称为多元素灯，可连续测定几种元素，但光强度较单元素灯弱，容易产生干扰。目前常用的是单元素灯。

2.原子化系统

将试样中待测元素变成气态的基态原子的过程称为试样的"原子化"。原子化系统的功能是提供能量，使试样干燥、蒸发和原子化。常用的原子化方法分为两种：一是火焰原子化法，其利用燃气和助燃气产生的高温火焰使试样转化为气态原子，是原子光谱分析中最早使用的原子化方法，至今仍广泛应用；另一种是非火焰原子化法，其中应用最广的是石墨炉原子化法。

火焰原子化系统主要由喷雾器、雾化室、燃烧器和火焰四部分组成，结构见图 4-1-3。

（1）喷雾器

喷雾器的作用是将试液雾化成极其微小（直径在 5～70μm）的雾滴。雾滴越小，在火焰中生成的基态原子越多。其工作原理是当高速助燃气流过毛细管口时，在毛细管口形成负压区，试样被毛细管抽吸流出，并被高速的气

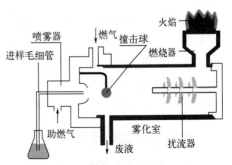

图 4-1-3　火焰原子化系统示意图

流破碎成雾滴，喷出的小雾滴再被前方小球撞击，进一步分散成更为细小的细雾。喷雾器的雾化效率一般可达 10% 以上。

（2）雾化室

雾化室的作用是使雾滴进一步细化，并使之与燃气、助燃气均匀混合形成气溶胶后进入火焰原子化区。部分未细化的雾滴沿预混合室壁冷凝下来从废液口排出。

（3）燃烧器

燃烧器的作用是使燃气在助燃气的作用下形成稳定的高温火焰，使进入火焰的气溶胶试样蒸发、脱溶剂、灰化和原子化。燃烧器有"孔型"和"长缝型"，后者又分为单缝和三缝，一般采用吸收光程较长的单缝燃烧器。

（4）火焰

火焰的作用是通过高温促使试样气溶胶蒸发、干燥并经过热解离或还原作用，产生大量基态原子。原子吸收测定中最常用的火焰如下。

① 乙炔 - 空气火焰。燃烧稳定，重现性好，噪声低，燃烧速度不是很快，温度较高（约 2250℃），对大多数元素有足够的灵敏度，应用广泛。

② 氢气 - 空气火焰。其燃烧速度较乙炔 - 空气火焰快，但温度较低（约 2050℃）。

③ 乙炔 - 氧化亚氮火焰。其特点是火焰温度高（约 2700℃），而燃烧速度并不快，是目前应用较广泛的一种高温火焰。

同一种类型的火焰，随着燃气和助燃气流量的不同，火焰的燃烧状态也不相同。在实际测量中，常通过调节燃助比来选择理想的火焰。按燃气和助燃气的比例不同，可将火焰分为三类。

① 化学计量火焰，又称中性火焰。这种火焰的燃气与助燃气的比例与它们之间化学反应计量关系相近。具有温度高、稳定、干扰小、背景低等特点，适用于许多元素的测定。

② 富燃火焰，又称还原性火焰。即燃气与助燃气比例大于化学计量。这种火焰燃烧不完全、温度低、火焰呈黄色，背景高、干扰较多，不如化学计量火焰稳定。但由于还原性强，适于测定易形成难离解氧化物的元素，如铁、钴、镍等。

③ 贫燃火焰，又称氧化性火焰。燃气和助燃气的比例小于化学计量。这种火焰的氧化性较强，火焰呈蓝色，适于易解离、易电离元素的原子化，如碱金属等。

3.分光系统

分光系统主要由入射狭缝、出射狭缝、色散元件、反射镜等组成，其作用是将待测元素的特征谱线与邻近谱线分开。分光系统色散元件为衍射光栅，其色散率是固定的，其分辨能力和聚光本领取决于狭缝宽度。一般狭缝宽度调节至 0.01 ～ 2mm。减小狭缝宽度，可以提高分辨能力，有利于消除谱线干扰。但是狭缝宽度太小，会导致透射光强度减弱，灵敏度下降。

4.检测和数据处理系统

检测和数据处理系统主要由检测器、放大器、对数变换器和显示记录装置组成。其中检测器是主要部件，其作用是将单色器分出的光信号转变成电信号，常用的检测器是光电倍增管。显示记录装置一般为原子吸收光谱仪计算机工作站，可实行信号自动采集，自动处理。

 知识点3　火焰原子吸收光谱仪的使用技巧

1.火焰原子吸收光谱仪使用方法

① 开机前准备。按仪器使用说明书检查各气路接口是否安装正确，气密性是否良好。

② 开机及初始化。打开电源开关，再打开电脑主机开关，安装空心阴极灯，接着打开仪器开关，启动工作站并初始化仪器，预热 20 ～ 30min。

③ 点火。预热完毕后先打开排风，再打开空气压缩机，接着拧开乙炔气瓶，设置样品参数，完成点火。

④ 测量。把进样管放入空白试剂或去离子水中烧 5min 左右，将进样管放入校准试剂中"校零"，进行标样及样品测定，完成数据保存或打印。

⑤ 关机。先关闭乙炔总阀，再关乙炔分阀，接着关空气压缩机，退出软件，关仪器开关，关计算机，关通风橱。

2.火焰原子吸收光谱仪使用注意事项

① 要先打开通风装置后才可以点火。

② 仪器若隔太久不用，应预热 1 ～ 2h。

③ 点火前用肥皂水检查乙炔管路接头是否漏气；查看仪器后方废液管是否水封（要求水封）。

④ 点火后不可在空气压缩机处进行排水操作。

⑤ 在燃烧过程中不可用手接触燃烧器。

⑥ 测完标准系列时，任选一个标准曲线图双击查看线性是否可用。

⑦ 测量完毕，吸取离子水冲洗通道 5min。

⑧ 空气 - 乙炔火焰熄灭时，应先关闭乙炔气，再关闭其他。

⑨ 火焰熄灭后燃烧器仍然有高温，20min 内不可触摸。

3.原子吸收分光光度法测定条件的选择

（1）分析线的选择

每种元素都有若干条吸收谱线。为使测定具有较高的灵敏度，通常选择元素的共振线作为分析线。当分析被测元素浓度较高时，可选用灵敏度较低的非共振线作为分析线，否则吸光度太大。此外，还要考虑谱线的自吸收和干扰等问题，也可选择次灵敏线。

（2）空心阴极灯电流的选择

空心阴极灯的发射特性取决于工作电流。灯电流太小，则光谱输出不稳定，且强度小；灯电流太大，则发射谱线变宽，会使灵敏度下降，灯寿命缩短。选择灯电流的原则是在保持稳定和有适当光强输出的情况下，尽量选用低的工作电流。通常采用空心阴极灯额定电流的 40% ～ 60%。

（3）原子化条件的选择

① 火焰的选择。火焰的类型及与燃气混合物流量是影响原子化效率的主要因素。首先根据测定物质需要选择合适种类的火焰。其次要选择合适的燃气和助燃气比例。多数（适合中低温火焰）元素测定使用乙炔 - 空气火焰，其流量比在 1:4 ～ 1:3；对于分析线在 220nm 以下的元素如硒、磷等，乙炔 - 空气火焰有吸收，应采用氢气 - 空气火焰；易生成难解离化合物的元素，宜使用乙炔 - 氧化亚氮高温火焰。氧化物熔点较高的元素用富燃焰，氧化物不稳定的元素用化学计量焰或贫燃焰。

② 燃烧器高度选择。不同的燃烧器高度产生的吸光度存在差异，需选择合适的燃烧器高度，使光束从原子浓度最大的区域通过。一般在燃烧器狭缝口上方 2 ～ 5mm 附近处，火焰具最大的基态原子浓度，灵敏度最高。最佳燃烧器高度可通过实验来确定。具体方法如下：固定其他的实验条件，改变燃烧器高度测量溶液的吸光度，绘制吸光度 - 燃烧器高度曲线，选择吸光度最大值对应的燃烧器高度。

（4）进样量的选择

试样的进样量一般在 3 ～ 6mL/min 为宜，进样量过大，对火焰产生冷却效应。同时大雾滴进入火焰，难以完全蒸发，原子化效率下降，灵敏度降低。进样量过小，由于进入火焰的溶液太少，吸收信号弱，不便测量。

4.原子吸收干扰及其消除

虽然原子吸收分光光度计使用锐线光源，干扰比较少，并且容易克服，但在许多情况下干扰仍是不容忽视的。干扰主要有物理干扰、化学干扰、电离干扰、光谱干扰等。

（1）物理干扰及其消除方法

物理干扰是指试样在转移、蒸发和原子化过程中，由于试样物理性质的变化而引起的原子吸光度下降的效应。在火焰原子化法中，试样的黏度、表面张力、溶剂的蒸气压、雾化气体压力、取样管直径和长度等都将影响吸光度。

消除物理干扰的方法有以下几种。

① 配制与待测试液组成相近的标准溶液，这是最常用的方法。

② 当配制与待测试液组成相近的标准溶液有困难时，需采用标准加入法。

③ 当被测元素在试液中浓度较高时，可以用稀释溶液的方法来降低或消除物理干扰。

④ 尽可能避免使用黏度大的硫酸、磷酸处理试样。

（2）化学干扰及其消除方法

化学干扰是由于被测元素的原子与干扰组分发生化学反应形成了更稳定的化合物从而影响被测元素的原子化效率，使参与吸收的基态原子数目减少，吸光度下降。化学干扰是一种选择性干扰，是原子吸收分析中主要干扰来源。化学干扰的主要来源有以下几种。

① 与共存元素生成稳定的化合物。例如钙测定中，若有 PO_4^{3-} 存在，可生成难电离的 $Ca_3(PO_4)_2$，产生干扰。

② 生成难熔的氧化物、氮化物、碳化物。例如，用空气 - 乙炔火焰测镁，若有铝存在，可生成 $MgO \cdot Al_2O_3$ 难熔化合物，使镁不能有效原子化。

消除化学干扰的方法有以下几种。

① 选择合适的火焰。使用高温火焰可促使难解离化合物的分解，有利于原子化，而使用燃气和助燃气比较高的富燃火焰有利于氧化物的还原。例如 PO_4^{3-} 在高温火焰中就不会干扰钙的测定。

② 加入释放剂、保护剂。释放剂的作用是能与干扰组分生成更稳定或更难挥发的化合物，使被测元素释放出来。例如磷酸盐干扰钙的测定，可以加入锶或镧与干扰组分磷酸盐生成热稳定更高的化合物，从而使待测元素钙释放出来。保护剂的作用是它能与被测元素生成稳定且易分解的配合物，以防止被测元素与干扰组分生成难解离的化合物，即起到保护作用。保护剂一般是有机配合剂。例如磷酸根离子干扰钙测定时，加入乙二胺四乙酸（EDTA）使钙处于配合物的保护下进入火焰，保护剂在火焰中被破坏而将被测元素原子解离出来，从而消除了磷酸根的干扰。

③ 用物理和化学方法分离待测元素。在上述方法无效时，可采取溶剂萃取、离子交换、沉淀分离等物理和化学方法分离和富集待测元素。

（3）电离干扰及其消除方法

在高温下原子电离，使基态原子数目减少，引起吸光度降低，这种干扰称为电离干扰。电离干扰与被测元素电离电位有关，一般情况下，电离电位在 6eV 或 6eV 以下的元素，易发生电离，这种现象对于碱金属特别显著。另外，火焰温度越高、电离干扰越大。

消除电离干扰的方法有以下几种。

① 适当控制火焰温度。

② 加入消电离剂，可以有效消除电离干扰。

（4）光谱干扰及其消除方法

光谱干扰是指与光谱发射和吸收有关的干扰，包括光谱线干扰和背景吸收产生的干扰。光谱干扰的主要来源以下几种。

① 由于空心阴极灯内杂质产生的、不被单色器分离的非待测元素的邻近谱线。

② 试样中含有能部分吸收待测元素的特征谱线的元素。

③ 某些分子的吸收带与待测元素的特征谱线重叠，以及火焰本身或火焰中待测元素的辐射都可造成分子吸收。

消除光谱干扰的方法有：减小狭缝，用高纯度的单元素灯，零点扣除，使用合适的燃气与助燃气，以及使用氘灯背景校正等。氘灯背景校正方法是先用锐线光源测定分析线的原子吸收和背景吸收的总和，再用氘灯在同一波长测定背景吸收（这时原子吸收可忽略不计）计算两次测定吸光度之差，即为原子的吸光度，此法仅适用于波长小于360nm，背景吸光度小于 1.0 的校正。

 知识点4　原子吸收定量分析方法

原子吸收分光光度法的定量依据是光的吸收定律，定量方法主要有标准曲线法和标准加入法。

1.标准曲线法

标准曲线法是原子吸收分析中最常用、最基本的定量方法。该法简单、快速，适用于大批量组成简单和相似的试样分析。

在测定的线性范围内，配制一组不同浓度的待测元素标准溶液和空白溶液，在与供试液完全相同的条件下按照浓度由低到高的顺序依次测定吸光度 A。以扣除空白值之后的吸光度为纵坐标，标准溶液浓度为横坐标，绘制 A-c 标准曲线。同时测定试样溶液的吸光度，从标准曲线上查得试样溶液的浓度。

使用该方法时应注意以下问题：

① 所配制的标准系列溶液浓度应在吸光度与浓度呈线性关系的范围内。

② 标准系列溶液的基体组成，与待测试液尽可能一致，以减少因基体不同而产生的误差。

③ 整个分析过程中操作条件应保持不变。

④ 由于燃气和助燃气流量变化会引起标准曲线变化，因此每次分析时应重新绘制标准曲线。

2.标准加入法

当试样的基体组成复杂且对测定有明显干扰时，应采用标准加入法。

标准加入法是用于消除基体干扰的测定方法，适用于数目不多的样品的分析。分取几份等量的被测试样，其中一份不加入被测元素，其余各份试样中分别加入不同已知量 c_1、c_2、c_3、....、c_n 的被测元素，全部稀释至相同体积（V），分别测定它们的吸光度 A，绘制吸光度 A 对被测元素浓度增加值 c 的曲线。

如果被测试样中不含被测元素，在正确校正背景之后，曲线应通过原点；如果曲线不通过原点，说明含有被测元素。外延曲线与横坐标轴相交，则在横坐标轴上的截距即为待测元素稀释后的浓度 c_x。

应用标准加入法时应注意以下几点：

① 标准加入法只适用于浓度与吸光度成线性关系的范围。

② 加入每一份标准溶液的浓度，与试样溶液的浓度应接近（可通过试喷样品溶液和标准溶液，比较两者的吸光度来判断），以免曲线的斜率过大、过小，引起较大误差。

③ 为了保证能得到较为准确的外推结果，至少要采用四个点制作外推曲线。

④ 该法只能消除基体干扰，而不能消除背景吸收等的影响。

🎙 知识点5　火焰原子吸收光谱法测定婴幼儿配方乳粉中的钙

标准溶液配制

1.试剂和材料

除非另有规定，本方法所用试剂均为优级纯，水为 GB/T 6682—2008 规定的二级水。

① 碳酸钙（$CaCO_3$，CAS 号 471-34-1）：纯度 > 99.99%，或经国家认证并授予标准物质证书的一定浓度的钙标准溶液。

② 硝酸溶液（5+95）：量取 50mL 硝酸，加入 950mL 水，混匀。

③ 硝酸溶液（1+1）：量取 500mL 硝酸，与 500mL 水混合均匀。

④ 盐酸溶液（1+1）：量取 500mL 盐酸，与 500mL 水混合均匀。

配制硝酸溶液

⑤ 镧溶液（20g/L）：称取 23.45g 氧化镧，先用少量水湿润后再加入 75mL 盐酸溶液（1+1）溶解，转入 1000mL 容量瓶中，加水定容至刻度，混匀。

⑥ 钙标准储备液（1000mg/L）：准确称取 2.4963g（精确至 0.0001g）碳酸钙，加盐酸溶液（1+1）溶解，移入 1000mL 容量瓶中，加水定容至刻度，混匀。

⑦ 钙标准中间液（100mg/L）：准确吸取钙标准储备液（1000mg/L）10mL 于 100mL 容量瓶中，加硝酸溶液（5+95）至刻度，混匀。

⑧ 钙标准系列溶液：分别吸取钙标准中间液（100mg/L）0mL，0.500mL，1.00mL，2.00mL，4.00mL，6.00mL 于 100mL 容量瓶中，另在各容量瓶中加入 5mL 镧溶液（20g/L），最后加硝酸溶液（5+95）定容至刻度，混匀。此钙标准系列溶液中钙的质量浓度分别为 0mg/L、0.500mg/L、1.00mg/L、2.00mg/L、4.00mg/L 和 6.00mg/L。可根据仪器的灵敏度及样品中钙的实际含量确定标准溶液系列中元素的具体浓度。

2.仪器和设备

所有玻璃器皿及聚四氟乙烯消解内罐均需硝酸溶液（1+5）浸泡过夜，用自来水反复冲洗，最后用水冲洗干净。

① 原子吸收光谱仪：配火焰原子化器，钙空心阴极灯。

② 分析天平：感量为 1mg 和 0.1mg。

③ 微波消解系统：配聚四氟乙烯消解内罐。

④ 可调式电热板：在通风柜中使用。

3.操作步骤

（1）微波消解

还可结合实验室条件选择湿法消解、压力罐消解和干法灰化，具体方法可扫描二维码，查阅 GB 5009.92—2016《食品安全国家标准 食品中钙的测定》。

准确称取婴幼儿配方乳粉样品 0.2 ～ 0.8g（精确至 0.001g）于微波消解罐中，加入 5mL 硝酸，按照微波消解的操作步骤消解试样，消解条件参考表 4-1-1。冷却后取出消解罐，在电热板上于 140 ～ 160℃赶酸至 1mL 左右。消解罐放冷后，将消化液转移至 25mL 容量瓶中，用少量水洗涤消解罐 2 ～ 3 次，合并洗涤液于容量瓶中并用水定容至刻度。根据实际测定需要稀释，并在稀释液中加入一定体积镧溶液（20g/L）使其在最终稀释液中的浓度为 1g/L，混匀备用，此为试样待测液。同时做试剂空白实验。

表4-1-1 微波消解升温程序参考条件

步骤	设定温度 /℃	升温时间 /min	恒温时间 /min
1	120	5	5
2	160	5	10
3	180	5	10

（2）仪器参考条件

参考条件见表 4-1-2。

表4-1-2　火焰原子吸收光谱法参考条件

元素	波长/nm	狭缝/nm	灯电流/mA	燃烧器高度/mm	空气流量/（L/min）	乙炔流量/（L/min）
钙（Ca）	422.7	1.3	5～15	3	9	2

（3）标准曲线的制作

将钙标准系列溶液按浓度由低到高的顺序分别导入火焰原子化器，测定吸光度值，以标准系列溶液中钙的质量浓度为横坐标，相应的吸光度值为纵坐标，制作标准曲线。

（4）试样溶液的测定

在与测定标准溶液相同的实验条件下，将空白溶液和试样待测液分别导入原子化器，测定相应的吸光度值，与标准系列比较定量。

4. 结果计算

试样中钙的含量按式（4-1-1）计算：

$$X = \frac{(\rho - \rho_0) \times f \times V}{m} \tag{4-1-1}$$

式中　X——试样中钙的含量，mg/kg 或 mg/L；

ρ——试样待测液中钙的质量浓度，mg/L；

ρ_0——空白溶液中钙的质量浓度，mg/L；

f——试样消化液的稀释倍数；

V——试样消化液的定容体积，mL；

m——试样质量，g。

当钙含量大于或等于 10.0mg/kg 或 10.0mg/L 时，计算结果保留三位有效数字，当钙含量小于 10.0mg/kg 或 10.0mg/L 时，计算结果保留两位有效数字。

5. 精密度

在重复性条件下获得的两次独立测定结果的绝对差值不得超过算术平均值的 10%。

6. 注意事项

以称样量 0.5g（或 0.5mL），定容至 25mL 计算，方法检出限为 0.5mg/kg（或 0.5mg/L），定量限为 1.5mg/kg（或 1.5mg/L）。

思政小课堂

任务准备

（一）知识学习

引导问题1： 将下列名称与解释进行连线：

婴儿	6～12月龄
较大婴儿	0～6月龄

乳基配方食品	以大豆及大豆蛋白制品为主要蛋白来源，加入适量的维生素、矿物质和（或）其他原料，仅用物理方法生产加工制成的产品。
豆基配方食品	以乳类及乳蛋白制品为主要蛋白来源，加入适量的维生素、矿物质和（或）其他原料，仅用物理方法生产加工制成的产品。

引导问题2： 请利用互联网查阅资料，简述我国婴幼儿配方食品的生产及消费情况。

_____
_____
_____

引导问题3： 食品中钙元素测定的方法有哪几种？作简单说明。

_____
_____

引导问题4： 填空：

火焰原子吸收光谱法测定钙元素的原理：试样经消解处理后，加入_____作为释放剂，经原子吸收火焰原子化，在_____处测定的吸光度值在一定浓度范围内与钙含量成正比，与标准系列比较定量。

引导问题5： 解释火焰原子化系统的工作原理。

_____
_____
_____

引导问题6： 解释原子吸收光谱仪的工作流程。

_____
_____
_____

引导问题7： 扫描二维码，请回答如下问题。

（1）火焰原子吸收光谱法测定钙采用的定量分析方法是哪种？

_____
_____

（2）阐述标准曲线法和标准加入法的特点及适用范围。

_____
_____

GB 5009.92—2016
《食品安全国家标准 食品中钙的测定》

（3）火焰原子吸收光谱法标准溶液的稀释及样品溶液的制备过程中都需添加一定体积的镧溶液，添加镧溶液的作用是什么？

_____

_____

（二）实验方案设计

通过学习相关知识点，完成表 4-1-3 填写。

表 4-1-3　实验方案设计

组长		组员	
学习项目		学习时间	
依据标准			
准备内容	仪器设备 （规格、数量）		
	试剂耗材 （规格、浓度、数量）		
	样品		
任务分工	姓名	具体工作	
具体步骤			

任务实施

1.根据选择的消解方法进行样品消解，写出消解的主要流程。

_____

_____

_____

2.完成仪器设置、标准曲线制作和样品测定。

（1）预备好火焰原子吸收光谱仪，根据火焰原子吸收光谱法测定钙的参考条件设置好仪器，完成表4-1-4填写。

表4-1-4　火焰原子吸收光谱法参考条件

元素	波长 /nm	狭缝 /nm	灯电流 /mA	燃烧头高度 /mm	空气流量 /（L/min）	乙炔流量 /（L/min）
钙						

（2）分别测定空白溶液、标准系列溶液和试样待测液吸光度值，完成原始数据记录和结果判定，填入表4-1-5。

表4-1-5　火焰原子吸收光谱法测定钙记录

样品名称：	样品批次：	样品状态：
生产单位：	检验人员：	审核人员：
检验日期：	环境温度 /℃：	相对湿度 /%：

检验依据：

主要设备：

钙标准工作液浓度 /（mg/L）	0	0.500	1.00	2.00	4.00	6.00
吸光度						

标准曲线方程：　　　　　　　　　　　R^2：

样品及空白测定相关数据：

试剂空白 ρ_0/（mg/L）	样品质量 m/g	定容体积 V/mL	稀释倍数 f	待测液钙浓度 ρ/（mg/L）	样品钙含量 X/（mg/100g）	平均值 /（mg/100g）

精密度：　　　精密度是否符合要求：是□否□　　　标准要求：　　　结果判定：

任务评价

　　每个学生完成学习任务后成绩评定按学生自评、小组互评、教师评价三阶段进行，并按自评占20%，互评占30%，师评占50%作为每个学生综合评价结果，完成表4-1-6。

表4-1-6　婴幼儿配方乳粉钙的测定学习情况评价表

评价项目	评价标准		满分	评价分值			得分
				自评	互评	师评	
素质目标	实验着装	实验服干净整洁、纽扣完整、穿戴整齐	2				
		手套、帽子、口罩穿戴整齐	3				
	试剂与材料的检查	在实验前检查试剂与材料是否齐全	10				
	容量瓶的编号	对样品和标准溶液容量瓶进行编号	5				
知识目标	完成知识学习作业		10				
	完成实验方案设计		10				
技能目标	样品处理	减量法称量样品的操作正确	3				
		正确使用天平，使用前调平，使用后清洁	2				
		称取样品后加硝酸，加盖放置30min	2				
		正确设定微波消解仪升温程序，规范操作微波消解仪	5				
		进行赶酸、定容	3				
	标准溶液的配制	根据提供样品消解液钙含量范围，制定标准溶液的配制方案，正确配制钙标准中间液，正确配制钙标准系列溶液，正确使用吸量管、容量瓶等	10				
	样品测定	能够正确打开仪器，检查废液管是否水封，按顺序打开气阀，按照标准设置仪器参数	10				
		使用工作站软件调零，检测试剂空白、标准溶液和待测样液，注意测定标品用0mg/L标准液调零，测定样品前用试剂空白调零	10				
	检测结果与数据处理	填写原始记录规范，计算准确，有效数字保留和单位正确	5				
		检测报告完整、规范、简洁	5				
		检测结果准确度和精密度符合国标要求	5				
合计			100				

学习任务4-2　婴幼儿配方乳粉中碘的测定

任务描述

熟悉 GB 5009.267—2020《食品安全国家标准 食品中碘的测定》，能利用气相色谱法测定婴幼儿配方乳粉中营养强化剂碘含量。

学习目标

（一）素质目标

① 运用气相色谱法检测理论，解决测定碘中遇到的实际问题，培养知行合一的理念。
② 通过正确处置有毒有害废液和废弃物，树立"绿水青山就是金山银山"的环保意识。

（二）知识目标

① 了解气相色谱法测定食品中碘含量的相关理论知识。
② 能制定气相色谱法测定婴幼儿乳粉中碘的实验方案。

（三）技能目标

① 能进行样品提取步骤的操作。
② 能进行婴幼儿乳粉碘元素测定，能正确操作气相色谱仪和使用工作站软件。
③ 能进行实验结果的分析与数据处理。

相关知识点

 ### 知识点1　气相色谱法测定食品中碘含量的相关理论知识

1.食品中碘含量测定方法

GB 5009.267—2016《食品安全国家标准 食品中碘的测定》中规定的方法有：电感耦合等离子体质谱法、氧化还原滴定法、砷铈催化分光光度法和气相色谱法四种检测方法。

PPT　　　课程视频

2.气相色谱法测定碘元素含量的原理

试样中的碘在硫酸条件下与丁酮反应生成丁酮与碘的衍生物，经气相色谱分离，电子捕获检测器检测，外标法定量。

3. 气相色谱法的特点

气相色谱法（gas chromatography，GC）是以气体作流动相的一种柱色谱法。1941年英国生物化学家马丁和辛格在研究液 - 液分配色谱的基础上首次提出用气体作流动相，并在 1952 年第一次用气相色谱法分离测定复杂混合物，还提出了气相色谱法的塔板理论。1956 年荷兰学者范第姆特提出气相色谱法的速率理论，奠定了色谱法研究的理论基础。随着毛细管色谱柱问世，高灵敏度、高选择性检测器在气相色谱法中应用，使气相色谱法获得了迅速发展，目前已成为分析化学中极为重要的分离分析方法之一，广泛用于食品安全、石油化工、医药卫生、环境监测等领域。气相色谱法的主要特点如下。

① 分析速度快。一般样品分析只需几分钟，某些快速分析甚至只需几秒钟即可完成。

② 分离效率高。理论塔板数可高至 20 万。

③ 选择性好。能分离分析性质极为相近的化合物，如可分离分析恒沸混合物、沸点相近的物质、同位素、顺式与反式异构体、旋光异构体等。例如毛细管色谱柱可分析汽油中 50 ～ 100 多个组分。

④ 灵敏度高。使用高灵敏度的检测器可以检测出 10^{-14} ～ 10^{-11}g/s 的痕量物质，适合于痕量分析，如检测农副产品、中药中的农药残留量、药品中残留有机溶剂等。

⑤ 样品用量少。通常气体样品用量为几毫升，液体样品用量为几微升或几十微升。

⑥ 应用范围广。可以分析气体，也可以分析易挥发的液体或固体。可以分析有机物，也可以分析部分无机物。据统计，在全部 300 多万种有机物中，能用气相色谱法直接分析的约占 20%。

不过，气相色谱法也有其局限性，不能直接分析分子量大、极性强、难挥发和热不稳定的物质，以及定性困难是气相色谱法的弱点。

4. 分离度

色谱分离中的四种情况如图 4-2-1 所示。

图 4-2-1（a）柱效较高，组分分配系数相差较大，完全分离。

图 4-2-1（b）分配系数相差不是很大，柱效较高，峰较窄，基本上完全分离。

图 4-2-1（c）柱效较低，虽分配系数相差较大，但分离效果并不好。

图 4-2-1（d）分配系数相差小，柱效低，分离效果更差。

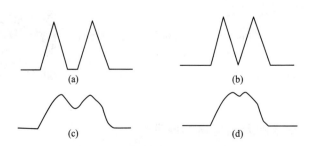

图 4-2-1 色谱峰分离的不同情况

衡量色谱峰彼此分离的程度常用分离度，作为柱的总分离效能指标。分离度又称分辨率，用 R 表示，是指相邻两组分色谱峰的保留时间之差与两组分平均峰宽的比值，计算见式（4-2-1）。

$$R = \frac{2(t_{R_2} - t_{R_1})}{W_1 + W_2}$$

（4-2-1）

式中　t_{R_2}——相邻两峰中后峰的保留时间；

　　　t_{R_1}——相邻两峰中前峰的保留时间；

　W_1、W_2——相邻两峰的峰宽。

$R < 1.0$ 时，两峰有部分重叠，两个组分分离不开；$R = 1.0$ 时，两个色谱峰分离程度只达到98%，说明两组分尚未完全分离开；$R = 1.5$ 时，分离程度可达99.7%。分离度越大，色谱柱的分离效率越高，两个峰分离得越好。除另有规定外，用气相色谱法分离时，通常要求 $R > 1.5$。

知识点2　气相色谱仪的结构及操作技巧

1.气相色谱仪的基本结构

气相色谱仪由六大系统组成：气路系统、进样系统、分离系统、检测系统、温度控制系统以及信号记录和数据处理系统。

（1）气路系统

气相色谱仪的气路系统是一个密闭的载气连续运行系统。从气源出来的载气需经减压阀、气体净化器、稳压阀、调流阀、稳流阀、气体流速测量和控制装置，然后进入色谱柱，由检测器排出，形成气路系统。整个系统保持密封，不得有气体泄漏。

① 载气。常用的载气有氮气和氢气，也有用氦气、氩气，通常由钢瓶或气体发生器提供。对载气的要求是化学惰性、不与试样及固定相反应、纯净。载气的选择除了要求考虑对柱效的影响外，还要与分析对象和所用的检测器匹配。无论使用何种载气都要求是高纯（99.99%）气体。一般载气进入色谱系统前都需要净化。

氢气具有分子量小、热导率大、黏度小等特点，常用作热导检测器的载气；在氢火焰离子化检测器中，它是必用的燃气。在毛细管分流进样中，为了提高载气的线速度，也用氢气作载气。氢气易燃易爆，使用时应注意安全。

氮气具有分子量较大、扩散系数小，使柱效较高，除热导检测器外，在使用其他检测器时多用氮气作载气。

② 净化器，又称捕集器。净化器的主要作用是去除气体中水分、烃、氧等杂质。存在气源管路及气瓶中的水分、烃、氧会产生噪声、额外峰和基线"毛刺"，尤其对特殊检测器如电子捕获检测器影响更为显著。

普通的净化器是一根金属或有机玻璃管，其中装净化剂，并连接在气路上。净化剂有硅胶、分子筛、活性炭、催化剂等，按需选择。除去水分，可以选用硅胶净化器串联4A 或 5A 分子筛净化器；除去烃类杂质，可选用活性炭或分子筛；除去氧气，可以用含催化剂净化器。

净化器中的填料需定期更换。净化器中所用的硅胶、分子筛、活性炭等填料可重新活化后使用。重新装填净化器时，其进出口必须用少量纱布或脱脂棉堵好，以防止净化剂的粉末吹入气相色谱仪的气路系统，损害阀件的性能和色谱柱性能。

③ 阀件系统。为了提供稳定压力和流量，从气源出来的气需经减压阀、稳压阀、稳流阀、调流阀。一般稳压阀和稳流阀的进出口压力差不应低于 0.05MPa 先进的气相色谱仪，安装有电子气路控制系统（electronic pressure control，EPC），可对气体流量压力进行精准控制，可以提高色谱定性、定量的精度和准确度。

（2）进样系统

进样系统包括进样器和汽化室两部分。进样系统的作用是引入试样并使试样瞬间汽化，然后快速定量地转入色谱柱中。进样量、进样时间的长短、试样的汽化速度等都会影响色谱柱的分离，以及分析结果的准确性和重现性。

① 进样器。进样器有手动和自动两种。高档气相色谱仪一般均配置有自动进样器，气体样品进样多采用六通阀定体积进样器。

② 汽化室。为了使样品在汽化室中瞬间汽化而不分解，要求汽化室密封性好，体积小，热容量大，对样品无催化效应，即不使样品分解。常用金属块制成汽化室、外套设有加热块。为消除金属表面的催化作用，在汽化室内有石英或玻璃衬管，便于清洗。

（3）分离系统

分离系统由色谱柱和柱箱组成，色谱柱是色谱仪的核心部件。色谱柱主要有两类：填充柱和毛细管柱。

① 填充柱。通常用不锈钢或硬质玻璃制成 U 型和螺旋型管，内装固定相，一般内径为 2 ～ 4mm，长 1 ～ 5m，以 2m 最常用。填充柱制备简单，可供选用的载体、固定液、吸附剂种类多，具有广泛的选择性，可以解决各种分离分析问题；缺点是柱渗透性较小，传质阻力大，不能用过长的柱，分离效率较低。

② 毛细管柱。又称空心柱，分为涂壁、多孔层和载体涂层空心柱。毛细管柱材质为玻璃或石英。内径一般为 0.1 ～ 0.5mm，长度为 15 ～ 300m，通常弯成螺旋状。常用的毛细管柱是涂壁空心柱和载体涂层毛细管柱。涂壁空心柱的内壁直接涂渍固定液；载体涂层毛细管柱是在毛细管内壁黏上一层载体，再将固定液涂在载体上的毛细管柱。毛细管柱具有渗透性好（载气流动阻力小），传质快，柱效高（总理论塔板数可达 10 万～ 30 万），分析速度快等优点，但柱容量小，允许进样量小，制备方法较复杂，价格较贵。

（4）检测系统

检测系统主要是指检测器，是色谱仪的"眼睛"。检测器的作用是将经色谱柱分离后的各组分的浓度（或量）转换成易被测量的电信号。优良的检测器应灵敏度高，检出限低，死体积小，响应迅速，选择性好，线性范围宽和稳定性好。

① 检测器性能指标。

灵敏度，又称响应值或应答值，是指单位数量的物质进入检测器所产生信号的大小。在实际工作中，通常从色谱图上测量峰的面积计算检测器的灵敏度。不同的检测器，计算灵敏度的公式不同。

检测限，又称检出限、敏感度，是指产生一个能可靠地被检出的分析信号所需要物质的最小浓度或含量。一般定义为：检测器能产生二倍于噪声信号时，单位时间载气引入检测器中该组分的质量或单位体积载气中所含的该组分的最小样品量。无论哪种检测器，检出限都与灵敏度成反比，与噪声信号成正比。检测限不仅决定于灵敏度，而且受限于噪声，所以它是衡量检测器性能的综合指标。

最小检测量。最小检测量是指产生二倍噪声峰高时，所需进入色谱柱的最小物质量。最小检测量和检出限是两个不同的概念。检出限只用来衡量检测器的性能；而最小检测量不仅与检测器性能有关，还与色谱柱效及操作条件有关。

线性范围。线性范围是指检测器响应信号与待测组分浓度或质量呈直线关系的范围。线性范围越大，越有利于准确定量。

响应时间。响应时间是指进入检测器的某一组分的输出信号达到其真值的 63% 所需的时间。一般小于 1s。

② 气相色谱仪常用检测器。

检测器有五十多种，常用的检测器有热导检测器（thermal conductivity detector，TCD）、氢火焰离子化检测器（flame ionization detector，FID）、电子捕获检测器（electron capture detector，ECD）、火焰光度检测器（flame photometric detector，FPD）等。

检测器按原理分为浓度型和质量型两种。浓度型检测器测量的是载气中组分浓度的瞬间变化，即检测器的响应值正比于组分的浓度，如 TCD、ECD；质量型检测器测量的是载气中组分进入检测器的质量流速变化，即检测器的响应信号正比于单位时间内组分进入检测器的质量，如 FID 和 FPD。常用检测器性能及适用范围见表 4-2-1。

表 4-2-1　气相色谱常用检测器性能及适用范围

检测器种类	类型	常用载气	最高使用温度 /℃	最低检出限	线性范围	适用范围
热导检测器（TCD）	浓度型通用型	H_2、He	400	丙烷：$< 4 \times 10^{-10}$ g/mL	10^5	有机化合物，永久性气体
氢火焰离子化检测器（FID）	质量型准通用型	N_2、Ar	450	丙烷：$< 5 \times 10^{-12}$ g/s	10^7	有机化合物，特别是碳氢化合物
电子捕获检测器（ECD）	浓度型选择型	N_2、Ar	420	六氯苯：$< 7 \times 10^{-15}$ g/s	10^4	有机卤素等含电负性物质化合物
火焰光度检测器（FPD）	质量型选择型	H_2、He	420	十二烷硫醇和三丁基磷酸酯混合物：$S < 1 \times 10^{-11}$ g/s；$P < 3 \times 10^{-13}$ g/s	$S：10^3$ $P：10^4$	含硫、磷、氮化合物

（5）温度控制系统

温度是气相色谱法最重要的操作条件，它直接影响柱的选择性和分离效能，并影响检测器的灵敏度和稳定性等。由于汽化室、色谱柱和检测器工作时对温度各有不同的要求，因此应用恒温器对温度分别控制。有的色谱仪将检测器与色谱柱放在同一恒温箱中。温度控制是否准确，升、降温速度是否快速是气相色谱仪的最重要指标之一。

控温方式分为恒温和程序升温两种。程序升温可分为线性程序升温和非线性程序升温，前者更普遍。程序升温可以使低沸点组分和高沸点组分在色谱柱中都有适宜的保留、色谱峰分布均匀且峰形对称，具有改善分离、使峰形变窄、检测限下降及节省时间等优点。相比恒温来说，程序升温能够使后面出峰的高沸点物质加快出峰，减小扩散，而对于前面组分也会有较大的保留，利于分离。沸点范围很宽的混合物，一般采用程序升温法。

（6）信号记录和数据处理系统

信号记录和数据处理由计算机工作站完成。工作站能自动记录由检测器输出的电信号，呈现为色谱图。根据色谱图，在人工辅助下，最后由计算机完成定性、定量工作。

2.气相色谱仪的分析过程

由高压钢瓶或气体发生器提供载气，经减压、净化、流量调节、流速计量后，以稳定的压力、恒定的流速连续流过汽化室、色谱柱、检测器，最后放空。在进样口注入试样瞬间汽化，汽化后的试样被载气带入色谱柱中进行分离。分离后的各组分随载气依次进入检测器。检测器将组分的浓度（或质量）变化转化为电信号，经放大后，由记录仪器记录下来，即得色谱图，如图 4-2-2 所示。

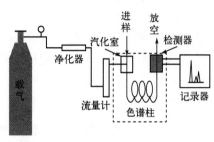

图4-2-2 气相色谱分析过程示意图

3.气相色谱仪的操作

（1）操作流程

① 逆时针方向开启载气钢瓶阀门，使减压阀上高压压力表指示出高压钢瓶内贮气压力。

② 顺时针方向旋转减压调节螺杆，使低压压力表指示到要求的压力值。用检漏液检查柱连接处，不得漏气。

③ 开启主机电源总开关。打开与气相色谱仪连接的计算机，并运行气相色谱仪工作软件，待工作站软件与仪器连接并自检通过后，进行下一步。

④ 在气相色谱仪工作软件里分别设定载气流量、检测器温度、进样口的温度，柱箱的初始温度及升温程序等色谱参数。设定完后，各区温度开始朝设定值上升，当温度达到设定值时，设备准备就绪。开启氢气钢瓶总阀、空气压缩机总阀（或打开氢气／空气发生器开关），同载气操作。

⑤ 用玻片置检测器气体出口处检查，应有水雾，表明点火。查看仪器基线是否平稳，待基线平直后，即可进样图谱采集，并利用工作站优化图谱、编辑报告、打印分析报告。

⑥ 试样数据采集完成后，关闭检测器电源，关闭燃气，再停止加热，待色谱柱、进样口温度降至 40℃以下时，依次关闭色谱仪电源开关，计算机电源，最后关闭载气减压阀及总阀。

⑦ 登记仪器使用情况，做好实验室整理和清洁工作，并检查好安全后，方可离开实验室。

（2）检测条件的设定

根据化合物的性质选择色谱柱。一般情况下，极性化合物选择极性柱，非极性化合物选择非极性柱。色谱柱柱温的设定要同时兼顾化合物的高低沸点和熔点，对于宽沸程的混合物一般采用程序升温法。有标准检测方法的可以依照标准检测方法设定检测条件，没有标准检测方法可参考类似化合物的检测方法。

（3）注意事项

① 操作过程中，一定要先通载气再加热，以防损坏检测器。

② 在使用微量注射器取样时要注意不可将注射器的针芯完全拔出，以防损坏注射器。

③ 检测器温度不能低于进样口温度，否则会污染检测器。进样口温度应高于样品气化温度10℃，同时化合物在此温度下不分解。

④ 含酸、碱、盐、水、金属离子的化合物不能分析，要经过处理方可进行。

⑤ 注射器取样前用溶剂反复洗净，将针筒抽干，再用待分析的样品至少洗 2～5 次以避免样品间的相互干扰；所取样品要避免带有气泡以保证进样重现性。

⑥ 检测结束后，最后关闭载气。

知识点3　气相色谱法定性定量方法及其应用

色谱法分离能力强，定性却很难。因为色谱信息少，响应信号与组分子结构缺乏典型的对应关系，故不能鉴定未知的新化合物，只能通过比对已知的标准物，鉴定已知的化合物。

1.定性分析

（1）保留值定性

① 纯样定性。依据是色谱条件严格不变时，任一组分都有一定的保留值。利用保留值定性的可靠性与分离度有关。例如峰很多，靠得很近，用保留时间定性不准，则可以选用叠加法，试样中加入纯样看哪个峰增加。对于一根柱子上有相同保留时间的组分可采用双柱定性。其中一根极性柱，一根非极性柱。若两根柱上的未知物保留时间与标准物都吻合，则定性的准确性会成倍增加。

② 相对保留值定性。相对保留值是指两组分调整保留时间之比值，又称为选择因子。

相对保留值只受固定相和温度的影响，通用性较好。测定组分和参照物的保留值，计算组分与参照物的相对保留值再与相应文献值比较进行定性。

（2）选择性检测器定性

选择性检测器只对某类或某几类化合物有响应，因此，可以利用这一特点对未知物进行类别的定性。例如，FID 对有机物响应，对某些无机物不产生信号（水、硫化氢）；ECD 对电负性强的物质有响应；FPD 对 S、P 化合物信号响应强。

（3）色谱联用技术

将色谱仪和定性能力强的质谱仪（MS）、红外光谱仪（FT-IR）、核磁共振（NMR）

等联用，可解决色谱技术中的定性问题。

2.定量分析

气相色谱定量分析的任务是确定样品中各组分的百分含量。定量的依据是在一定操作条件下，试样中组分的含量与其峰面积（或峰高）成正比。

（1）定量校正因子

① 绝对校正因子和相对校正因子。色谱定量分析是基于被测物质的量与其峰面积（或峰高）成正比关系。由于同一检测器对不同物质具有不同的响应值，当相同质量的不同物质通过检测器时，产生的峰面积（或峰高）不一定相等。所以不能用峰面积直接计算物质的含量。为了使检测器产生的响应信号能真实地反映物质的含量，需要引入"定量校正因子"对响应值进行校正。定量校正因子有两种：绝对校正因子和相对校正因子。在定量分析中常用相对校正因子。

② 相对校正因子的测定。相对校正因子，即某一组分与标准物质的绝对校正因子的比值。其作用是把混合物中不同组分的峰面积（或峰高）校正成相当于某一标准物质的峰面积（或峰高），然后通过校正的峰面积（或峰高）计算各组分的百分含量。

（2）常用定量方法

根据检测工作对数据要求的精准程度，气相色谱定量分析中主要使用以下三种方法：归一化法、外标法、内标法。这些定量方法各有其优缺点，在不同情况下要选择不同的方法，灵活应用。

① 归一化法。若试样中含有 n 个组分，且各组分均流出色谱峰，试样中所有组分含量之和定为 100%，则其中某个组分 i 的质量分数可按式（4-2-2）计算得出：

$$w_i = \frac{f_i A_i}{\sum_{i=1}^{n} f_i A_i} \times 100\% \tag{4-2-2}$$

式中　　w_i——待测组分质量分数；

　　　　f_i——待测组分校正因子；

　　　　A_i——待测组分峰面积。必须先知道各组分的校正因子。

若对同系物（校正因子近似相等）进行定量分析，则可不用校正因子，用峰面积归一化法计算含量，如式（4-2-3）。

$$w_i = \frac{A_i}{\sum_{i=1}^{n} A_i} \times 100\% \tag{4-2-3}$$

该方法通常用于粗略考察样品中的各出峰成分含量。该方法操作简便，定量较准确；归一化法是一种相对测量法，操作条件（如进样量、流速等）变化对测定结果影响小。所有组分必须在一个分析周期内流出色谱峰；归一化法不适合微量组分的测定。有下列情况之一不能使用归一化法：样品中某些组分不能流出色谱柱；样品中某些组分在检测器上无信号；样品中某些组分在柱内分解。

② 外标法。用待测组分的纯品作对照物质，单独进样，以对照物质和样品中待测组分峰面积相比较进行定量的方法称为外标法。外标法的优点：快速简便，只要待测组分出峰且完全分离即可定量。外标法的缺点：属绝对法，要求进样量准确，操作条件保持稳定。另外，一次只能测定一个组分。对于多组分的测定，需要多个组分的标准样

品，测定多次。外标法可分为外标一点法和标准曲线法。

外标一点法：又称单点校正法。配制一个与被测组分含量 w_i 接近的标准样品溶液 w_s，定量进样标准样品测得峰面积 A_s，得到过原点的直线；再进同样体积的待测样品，测得峰面积 A_i，按式（4-2-4）计算待测组分的含量。

$$w_i = \frac{A_i}{A_s} \times w_s \tag{4-2-4}$$

标准曲线法：又称多点校正法。是用待测组分的标准物质配制一系列浓度溶液进行色谱分析，确定标准曲线，求出斜率、截距。在完全相同条件下，准确进样与标准物质溶液相同体积的样品溶液，根据待测组分的峰面积，从标准曲线上查出其浓度，或用回归方程计算。

③ 内标法。内标法是在准确称量的样品中加入定量的某种纯物质作为内标物，根据样品中待测组分和内标物的质量比及其相应峰面积之比，即可按式（4-2-5）求出待测组分在样品中的质量分数。

$$\frac{m_i}{m_s} = \frac{f_i A_i}{f_i A_s} \tag{4-2-5}$$

待测组分在样品中的质量分数，如式（4-2-6）所示。

$$w_i = \frac{m_i}{m} \times 100\% = \frac{f_i A_i}{f_i A_s} \times \frac{m_s}{m} \times 100\% \tag{4-2-6}$$

对内标物要求：内标物须为原样品中不含的组分；内标物为高纯度标准物质，或含量已知的物质；内标物色谱峰位应在被测组分峰位附近，或几个被测组分色谱峰的中间，并与这些组分的色谱峰完全分离（一般 $R > 1.5$）；内标物加入量应恰当，其峰面积与被测组分的峰面积不能相差太大。

内标法的优点：定量准确，因为该法是用待测组分和内标物的峰面积的相对值进行计算，所以不要求严格控制进样量和操作条件，试样中含有不出峰的组分时也能使用。内标法的缺点：每次分析都要准确称取或量取试样和内标物的量，比较费时；找合适内标物困难，要有内标物纯样；要有已知校正因子。

为了减少称量和测定校正因子可采用内标标准曲线法：配制一系列不同浓度的待测组分 i 标准溶液，并都加入相同量的内标物 s，进样分析，测量组分 i 和内标物 s 的峰面积 A_i 和 A_s，以 $\frac{A_i}{A_s}$ 比值对标准溶液浓度 c_i（或质量 m_i）作图或求线性回归方程；样品溶液中加入与标准溶液中相同量的内标物 s，进样分析，测得样品中组分 i 和内标物 s 的峰面积 A_i' 和 A_s'，由 $\frac{A_i'}{A_s'}$ 比值即可从标准曲线上查得待测组分的浓度（或质量）；也可由代入回归方程求出待测组分的浓度（或质量）。

知识点4　气相色谱法测定婴幼儿乳粉中的碘

除非另有说明，本方法所有试剂均为分析纯。水为 GB/T 6682—2008 规定的一级水或 GB/T 33087—2016 规定的仪器分析用高纯水。

1.试剂和材料

① 淀粉酶：酶活力 ≥ 1.5U/mg。

② 丁酮（C_4H_8O）：色谱纯。

③ 硫酸（H_2SO_4）：优级纯。

④ 正己烷（C_6H_{14}）：色谱纯。

⑤ 无水硫酸钠（Na_2SO_4）。

⑥ 过氧化氢（3.5%）溶液：量取 11.7mL 过氧化氢稀释至 100mL。

⑦ 亚铁氰化钾溶液（109g/L）：称取 109g 亚铁氰化钾，加水至 1000mL。

⑧ 乙酸锌溶液（219g/L）：称取 219g 乙酸锌，加水至 1000mL。

⑨ 碘标准溶液：a. 碘标准贮备液（1000mg/L）：称取已于 180℃ ±2℃ 干燥至恒重的碘酸钾 0.1685g，用水溶解并定容至 100mL；或称取经硅胶干燥器干燥 24h 的碘化钾 0.1307g，用水溶解并稀释至 100mL，贮存于棕色瓶中；也可采用经国家认证并授予标准物质证书的碘标准溶液。b. 碘标准工作液（1.0mg/L）：吸取 10.0mL 碘标准贮备液，用水定容至 100mL 混匀，再吸取 1.0mL，用水定容至 100mL 混匀。

配制碘工作溶液

2.仪器和设备

（1）气相色谱仪：带电子捕获检测器（ECD）。

（2）分析天平：感量为 0.1mg 和 0.01g。

（3）恒温干燥箱。

3.操作步骤

（1）试样处理

根据产品标签中配料表的标识，对于不含淀粉的婴幼儿配方乳粉，称取混合均匀的试样 5g（精确至 0.01g）于 150mL 锥形瓶中，用 25mL 约 40℃ 的热水溶解。

根据产品标签中配料表的标示，对于含淀粉的婴幼儿配方乳粉，称取混合均匀的试样 5g（精确至 0.01g）于 150mL 锥形瓶中，加入 0.2g 淀粉酶，用 25mL 约 40℃ 的热水充分溶解，置于 60℃ 恒温干燥箱中酶解 30min，取出冷却。

（2）试样测定液的制备

沉淀。将上述处理过的试样溶液转入 100mL 容量瓶中，加入 5mL 亚铁氰化钾溶液和 5mL 乙酸锌溶液后，用水定容至刻度，充分振摇后静止 10min。滤纸过滤后吸取滤液 10mL 于 100mL 分液漏斗中，加 10mL 水。

衍生与提取。向分液漏斗中加入 0.7mL 硫酸，0.5mL 丁酮，2.0mL 双氧水，充分混匀，室温下保持 20min 后加入 20mL 正己烷振荡萃取 2min。静止分层后，将水相移入另一分液漏斗中，再进行第二次萃取。合并有机相，用水洗涤 2～3 次。通过无水硫酸钠过滤脱水后移入 50mL 容量瓶中用正己烷定容，此为试样测定液。

（3）碘标准测定液的制备

分别移取 1.0mL，2.0mL，4.0mL，8.0mL，12.0mL 碘标准工作液，相当 1.0μg、2.0μg、4.0μg、8.0μg、12.0μg 的碘，其他分析步骤与试样同步处理。

（4）仪器参考条件

色谱柱为 DB-5 石英毛细管柱，（柱长 30cm，内径 0.32mm，膜厚 0.25μm），或具同等性能的色谱柱。进样口温度 260℃。电子捕获检测器（ECD）温度 300℃。分流比为 10∶1。进样量 1.0μL。程序升温参考表 4-2-2。

表4-2-2　程序升温

升温速率 /（℃ /min）	温度 /℃	持续时间 /min
—	50	9
30	220	3

（5）标准曲线的制作

将碘标准测定工作溶液分别注入气相色谱仪中，得到标准测定液的峰面积（或峰高），色谱图参见图 4-2-3。以标准测定液的峰面积（或峰高）为纵坐标，以碘标准工作液中碘的质量为横坐标制作标准曲线。

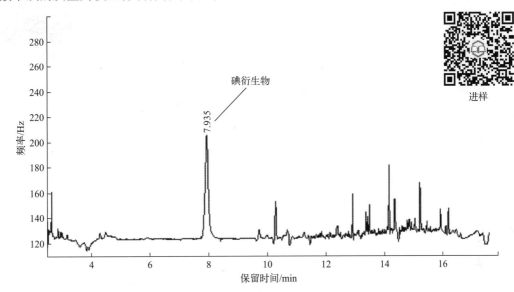

图4-2-3　碘标准衍生物气相色谱图

（6）试样溶液的测定

将试样测定液注入气相色谱仪中得到峰面积（或峰高），从标准曲线中获得试样中碘的含量（μg）。

4.结果计算

试样中碘含量按式（4-2-7）计算：

$$X = \frac{m_1}{m_2} \times f \qquad (4\text{-}2\text{-}7)$$

式中　X——试样中碘含量，mg/kg；

　　　m_1——从标准曲线中查得试样中碘的含量，μg；

　　　m_2——称取的试样质量，g；

　　　f——稀释倍数。

结果保留三位有效数字。

5.精密度

样品中碘元素含量大于 1mg/kg 时，在重复性条件下获得的两次独立测定结果的绝对差值不得超过算术平均值的 10%；小于或等于 1mg/kg 且大于 0.1mg/kg 时，在重复性条件下获得的两次独立测定结果的绝对差值不得超过算术平均值的 15%；小于或等于 0.1mg/kg 时，在重复性条件下获得的两次独立测定结果的绝对差值不得超过算术平均值的 20%。

6.注意事项

以取样量 5g，定容至 50mL 计算，方法检出限为 0.02mg/kg，定量限为 0.07mg/kg。

思政小课堂

🔧 任务准备

（一）知识学习

引导问题1： 解释气相色谱仪的结构。

_____

_____

_____

_____

_____

_____

_____

_____

_____

_____

_____

引导问题2： 解释气相色谱仪的工作流程。

_____

_____

_____

_____

_____

_____

_____

_____

_____

_____

_____

_____

_____

引导问题3： 扫描二维码，说明气相色谱法测定碘元素的原理：试样中的碘在_____条件下与丁酮反应生成丁酮与碘的衍生物，经气相色谱分离，电子捕获检测器检测，_____定量。

GB 5009.267—2020《食品安全国家标准 食品中碘的测定》

（二）实验方案设计

通过学习相关知识点，完成表 4-2-3 填写。

表 4-2-3　实验方案设计

组长		组员	
学习项目		学习时间	
依据标准			
准备内容	仪器设备 （规格、数量）		
	试剂耗材 （规格、浓度、数量）		
	样品		
任务分工	姓名	具体工作	
具体步骤			

任务实施

完成试样测定液的制备，完成碘标准工作液的制备，完成仪器设置、标准曲线制作和样品测定，填写表 4-2-4。

表 4-2-4　婴幼儿乳粉中碘的测定记录

样品名称：　　　　　　样品批次：　　　　　　样品状态：

生产单位：　　　　　　检验人员：　　　　　　审核人员：

检验日期：　　　　　　环境温度 /℃：　　　　　相对湿度 /%：

检验依据：

主要设备：

仪器条件：

色谱柱名称	进样口温度	ECD 检测器温度	分流比	进样量

程序升温：

升温速率 /（℃ /min）	温度 /℃	持续时间 /min

标准曲线制作：

碘的质量 /μg				
标准曲线：	$R^2=$			

结果计算：

样品序号	样品称取量 m_2/g	从标曲中查得碘含量 m_1/μg	稀释倍数 f	试样中碘含量 X/（mg/kg）	平均值	精密度
1						
2						

标准要求：　　　　　　　　　　结果判定：

任务评价

每个学生完成学习任务的成绩评定按学生自评、小组互评、教师评价三阶段进行，并按自评占 20%，互评占 30%，师评占 50% 作为每个学生综合评价结果，填表 4-2-5。

表4-2-5　婴幼儿配方乳粉碘的测定学习情况评价表

评价项目		评价标准	满分	评价分值			得分
				自评	互评	师评	
素质目标	实验着装	实验服干净、整洁，纽扣完整	10				
	试剂与仪器检查	在实验前检查试剂、材料设备是否齐全	10				
	实验习惯	标识规范，文明操作规范，安全操作规范，完成后清理干净桌面和器皿	10				
知识目标	能解释气相色谱法测定碘元素含量的原理		10				
	制定的气相色谱法测定碘元素含量实验方案正确合理		10				
技能目标	样品处理和萃取	用减量法称量样品，使用天平前调平，使用后清理，用具归位，不得混用药匙	5				
		按照样品处理方案处理样品，正确使用移液管、容量瓶和分液漏斗	5				
	标准溶液的配制	制定标准溶液的配制方案，正确配制碘标准中间液	5				
		正确配制碘标准系列溶液，正确使用吸量管、容量瓶等，完成碘提取	5				
	样品测定	转移样品入自动进样瓶，正确设定仪器参数和程序升温，测定前平衡色谱柱	5				
		使用工作站软件测定标曲和样品	5				
	检测结果记录与数据处理	填写原始记录规范整洁，有效数字准确，单位正确，计算准确	10				
		回归线的相关系数符合要求	5				
		精密度符合要求	5				
合计			100				

学习任务4-3 婴幼儿配方乳粉铅的测定

任务描述

熟悉 GB 5009.12—2023《食品安全国家标准 食品中铅的测定》，能利用石墨炉原子吸收光谱法测定婴幼儿配方乳粉中的铅。

学习目标

（一）素质目标

① 培养在样品前处理和标准品配制过程中认真操作，认真清洗所用器皿，避免造成误差的精益求精工匠精神。

② 培养严格按照操作规程操作，使用工作服、手套、面罩加强个人防护，保持工作场所通风等有毒有害物防护意识。

（二）知识目标

① 比较石墨炉原子化器和火焰原子化器的结构及优缺点。
② 能解释食品中铅含量测定方法和原理。

（三）技能目标

① 能进行样品前处理。
② 能正确配制铅标准系列溶液，操作石墨炉原子吸收光谱仪，使用工作站软件。
③ 能进行实验数据处理分析与结果报告。

相关知识点

知识点1 食品中铅含量测定方法和原理

PPT

课程视频

乳粉中的铅并不是人为添加的，它可能来自自然界和乳粉包装。在工业污染地区，空气、土壤和水源中都可能含铅，制造乳粉的原料、水和外包装，可能会带入铅。对婴幼儿和儿童而言，铅的毒性主要会影响生长发育，增加大脑和神经系统受损风险，导致智力低下，听力和语言学习出现问题等。因此婴幼儿乳粉对铅的含量严格进行限制。

按照现行的 GB 5009.12—2023《食品安全国家标准 食品中铅的测定》，食品中铅元素含量的测定方法主要有石墨炉原子吸收光谱法、电感耦合等离子体质谱法、火焰原子吸收光谱法。

石墨炉原子吸收光谱法测定的原理：试样消解处理后，经石墨炉原子化，在 283.3nm 处测定吸光度。在一定浓度范围内铅的吸光度值与铅含量成正比，与标准系列比较定量。石墨炉原子吸收光谱法分析中干扰最主要的来源是基体，测定时加入磷酸二氢铵-硝酸钯混合型基体改进剂，磷酸二氢铵可以消除样品中氯化物干扰，钯盐可以使钯和铅形成合金，使铅在灰化温度下更稳定，混合使用可以降低测定时基体干扰，提高测定方法的准确性。

电感耦合等离子体质谱法测定的原理：试样经消解后，由电感耦合等离子体质谱仪测定，以元素特定质量数（质荷比，m/z）定性，采用外标法，以待测元素质谱信号与内标元素质谱信号的强度比与待测元素的浓度成正比进行定量分析。

火焰原子吸收光谱法测定的原理：试样经处理后，铅离子在一定 pH 值条件下与二乙基二硫代氨基甲酸钠（DDTC）形成络合物，经 4- 甲基 -2- 戊酮（MIBK）萃取分离，导入原子吸收光谱仪中，经火焰原子化，在 283.3nm 处测定的吸光度。在一定浓度范围内铅的吸光度值与铅含量成正比，与标准系列比较定量。

 ## 知识点2　石墨炉原子吸收分光光度计使用方法及注意事项

1.石墨炉原子吸收分光光度计使用方法

① 开机前准备。确认石墨炉原子化器已安装，仪器与气路已连接。检查冷却水管、加热电缆已固定到位。

② 开机及参数设置。开机顺序同火焰法，启动软件后选择元素灯及测量参数，设定测定方法为"石墨炉"，调节原子化器位置及能量，设置加热程序及参数，设置测量样品和标准样品参数。

③ 打开各种开关。打开石墨炉开关，打开氩气，打开循环冷却水开关。

④ 测量。测量进样分为手动进样和自动进样两种。手动进样是用微量进样器吸入10μL 样品注入石墨管中，自动进样需配备自动进样器。测量结束可进行数据保存或打印。

⑤ 关机。关闭氩气、冷却水源，退出软件，关闭石墨炉电源，关计算机，关通风设备。

2.注意事项

① 石墨炉系统的第二组电源只许接一个大功率电源插座。

② 氩气瓶存放在安全通风良好的地方。

③ 冷却水管道连接、出口畅通。

④ 实验中，石墨炉原子化器高温，严禁触碰，防灼伤。石墨炉系统开机需接通电源、水源、气源，为安全起见，开机后禁止人员离开仪器。

⑤ 实验时，要打开通风设备，使实验过程产生的气体及时排出室外。定时对气水分离器中的水进行放水。

⑥ 实验结束，检查电源、水源、气源，必须断开。

 ## 知识点3　石墨炉原子吸收光谱法测定婴幼儿配方乳粉中的铅

1.试剂和材料

除非另有说明，本方法所用试剂均为优级纯，水为 GB/T 6682—2008 规定的二级水。

① 高氯酸（$HClO_4$）。

② 硝酸钯 [$Pd(NO_3)_2$]。

③ 硝酸溶液（5+95）：量取 50mL 硝酸，缓慢加入 950mL 水中，混匀。

④ 硝酸溶液（1+9）：量取 50mL 硝酸，缓慢加入 450mL 水中，混匀。

⑤ 磷酸二氢铵 - 硝酸钯溶液：称取 0.02g 硝酸钯，加少量硝酸溶液（1+9）溶解后，再加入 2g 磷酸二氢铵，溶解后用硝酸溶液（5+95）定容至 100mL，混匀。

⑥ 铅标准储备液（1000mg/L）：准确称取 1.5985g（精确至 0.0001g）硝酸铅，用少量硝酸溶液（1+9）溶解，移入 1000mL 容量瓶，加水至刻度，混匀。

⑦ 铅标准中间液（10.0mg/L）：准确吸取铅标准储备液（1000mg/L）1.00mL 于 100mL 容量瓶中，用硝酸溶液（5+95）定容至刻度，混匀。

⑧ 铅标准使用液（1.00mg/L）：准确吸取铅标准中间液（10.0mg/L）10.0mL 于 100mL 容量瓶中，用硝酸溶液（5+95）定容至刻度，混匀。

⑨ 铅标准系列溶液：分别吸取铅标准中间液（1.00mg/L）0mL、0.200mL、0.500mL、1.00mL、2.00mL 和 4.00mL 于 100mL 容量瓶中，加硝酸溶液（5+95）至刻度，混匀。此铅标准系列溶液的质量浓度分别为 0μg/L、2.00μg/L、5.00μg/L、10.0μg/L、20.0μg/L 和 40.0μg/L。可根据仪器的灵敏度及样品中铅的实际含量确定标准系列溶液中铅的质量浓度。

2.仪器和设备

所有玻璃器皿及聚四氟乙烯消解内罐均需硝酸溶液（1+5）浸泡过夜，用自来水反复冲洗，最后用水冲洗干净。

① 原子吸收光谱仪：配石墨炉原子化器，附铅空心阴极灯。

② 分析天平：感量 0.1mg 和 1mg。

③ 可调式电热炉。

④ 可调式电热板。

⑤ 微波消解系统：配聚四氟乙烯消解内罐。

⑥ 恒温干燥箱。

⑦ 压力消解罐：配聚四氟乙烯消解内罐。

3.操作步骤

（1）试样前处理

根据实验室条件任选下列一种方法进行试样前处理。

湿法消解。称取婴幼儿乳粉试样 0.2 ～ 3g（精确至 0.001g）于带刻度消化管中，加入 10mL 硝酸和 0.5mL 高氯酸，在可调式电热炉上消解 [参考条件：120℃ /（0.5 ～ 1h）、升至 180℃ /（2 ～ 4h）、升至 200 ～ 220℃]。若消化液呈棕褐色，再加少量硝酸，消解至冒白烟，消化液呈无色透明或略带黄色，取出消化管，冷却后用水定容至 10mL，混匀备用。同时做试剂空白实验。亦可采用锥形瓶，于可调式电热板上，按上述操作方法进行湿法消解。

微波消解。称取婴幼儿乳粉试样 0.2 ～ 0.8g（精确至 0.001g）于微波消解罐中，加入 5mL 硝酸，按照微波消解的操作步骤消解试样，微波消解升温程序可参考表 4-3-1。冷却后取出消解罐，在电热板上于 140 ～ 160℃ 赶酸至 1mL 左右。消解罐放冷后，将消化液转移至 10mL 容量瓶中，用少量水洗涤消解罐 2 ～ 3 次，合并洗涤液于容量瓶中并用水定容至刻度，混匀备用。同时做试剂空白实验。

表4-3-1 微波消解升温程序

步骤	设定温度 /℃	升温时间 /min	恒温时间 /min
1	120	5	5
2	160	5	10
3	180	5	10

压力罐消解。称取婴幼儿乳粉试样 0.2 ～ 1g（精确至 0.001g）于消解内罐中，加入 5mL 硝酸。盖好内盖，旋紧不锈钢外套，放入恒温干燥箱，于 140 ～ 160℃下保持 4 ～ 5h。冷却后缓慢旋松外罐，取出消解内罐，放在可调式电热板上于 140 ～ 160℃赶酸至 1mL 左右。冷却后将消化液转移至 10mL 容量瓶中，用少量水洗涤内罐和内盖 2 ～ 3 次，合并洗涤液于容量瓶中并用水定容至刻度，混匀备用。同时做试剂空白实验。

（2）测定

测定前将仪器调至最佳状态，仪器参考条件见表 4-3-2。

表4-3-2 石墨炉原子吸收光谱法仪器参考条件

元素	波长 /nm	狭缝 /nm	灯电流 /A	干燥	灰化	原子化
铅	283.3	0.5	8 ～ 12	85 ～ 120℃ /40 ～ 50s	750℃ /20 ～ 30s	2300℃ /4 ～ 5s

标准曲线的制作。按质量浓度由低到高的顺序分别将 10μL 铅标准系列溶液和 5μL 磷酸二氢铵 - 硝酸钯溶液（可根据所使用的仪器确定最佳进样量）同时注入石墨炉，原子化后测其吸光度值，以质量浓度为横坐标，吸光度值为纵坐标，制作标准曲线。

试样溶液的测定。在与测定标准溶液相同的实验条件下，将 10μL 空白溶液或试样溶液与 5μL 磷酸二氢铵 - 硝酸钯溶液（可根据所使用的仪器确定最佳进样量）同时注入石墨炉，原子化后测其吸光度值，与标准系列比较定量。

4.结果计算

按照式（4-3-1）进行计算。

$$X = \frac{(\rho - \rho_0) \times V}{m \times 1000}$$ （4-3-1）

上机测定

式中 X——试样中铅的含量，mg/kg 或 mg/L；

ρ——试样溶液中铅的质量浓度，μg/L；

ρ_0——空白溶液中铅的质量浓度，μg/L；

V——试样消化液的定容体积，mL；

m——试样称样量，g；

1000——换算系数。

当铅含量大于或等于 1.00mg/kg（或 mg/L）时，计算结果保留三位有效数字；当铅含量小于 1.00mg/kg（或 mg/L）时，计算结果保留两位有效数字。

5.精密度

在重复性条件下获得的两次独立测定结果的绝对差值不得超过算术平均值的 20%。

6.注意事项

当称样量为 0.5g（或 0.5mL），定容体积为 10mL 时，方法的检出限为 0.02mg/kg（或 0.02mg/L），定量限为 0.04mg/kg（或 0.04mg/L）。

思政小课堂

任务准备

（一）知识学习

引导问题1：解释石墨炉原子化器的工作原理。

_____

_____

_____

_____

扫描二维码，查阅 GB 5009.12—2023《食品安全国家标准 食品中铅的测定》，回答引导问题 2～4。

引导问题2：食品中铅元素测定的方法有哪几种，分别适用于哪些食品？

GB 5009.12—2023
《食品安全国家标准 食品中铅的测定》

_____

_____

_____

_____

引导问题3：石墨炉原子吸收光谱法测定铅元素的原理：试样消解处理后，经_____，在283.3nm处测定吸光度。在一定浓度范围内铅的吸光度值与铅含量成正比，与标准系列比较定量。

引导问题4：选择石墨炉原子吸收光谱测定铅元素，请回答如下有关试剂及设备问题。

（1）属于本任务所需的混合型基体改进试剂是（　　　）。

a. 硝酸　　　　　　　　　　　　b. 高氯酸

c. 磷酸二氢铵　　　　　　　　　d. 硝酸钯

（2）请判断下列试剂配制方法是否正确？

① 硝酸溶液（5+95）：量取 50mL 硝酸，缓慢加入 1000mL 水中，混匀。（　　　）

② 硝酸溶液（1+9）：量取 50mL 硝酸，缓慢加入 450mL 水中，混匀。（　　　）

③ 磷酸二氢铵—硝酸钯溶液：称取 0.02g 硝酸钯，加少量硝酸溶液（1+9）溶解后，再加入 2g 磷酸二氢铵，溶解后用硝酸溶液（5+95）定容至 100mL，混匀。（　　　）

（3）属于本任务所需仪器设备的是（　　　）。

a. 原子吸收光谱仪　　　　　　　b. 分析天平

c. 微波消解系统　　　　　　　　d. 酸度计

（4）完成本任务，原子吸收光谱仪需要配备哪些元件？（　　　）

a. 火焰原子化器　　　　　　　　b. 铅空心阴极灯

c. 石墨炉原子化器　　　　　　　d. 铜空心阴极灯

（二）实验方案设计

通过学习相关知识点，完成表4-3-3填写。

表4-3-3　实验方案设计

组长		组员	
学习项目		学习时间	
依据标准			
准备内容	仪器设备 （规格、数量）		
	试剂耗材 （规格、浓度、数量）		
	样品		
任务分工	姓名	具体工作	
具体步骤			

任务实施

完成试样前处理，将仪器性能调至最佳状态，填写表4-3-4。

表4-3-4　石墨炉原子吸收光谱法测定铅元素的仪器条件

元素	波长 /nm	狭缝 /nm	灯电流 /mA	干燥	灰化	原子化
铅						

按质量浓度由低到高的顺序分别将10μL铅标准系列溶液和5μL磷酸二氢铵—硝酸钯溶液（可根据所使用的仪器确定最佳进样量）同时注入石墨炉，原子化后测其吸光度值，以质量浓度为横坐标，吸光度值为纵坐标，制作标准曲线。在与测定标准溶液相同的实验条件下，将10μL空白溶液或试样溶液与5μL磷酸二氢铵—硝酸钯溶液（可根据所使用的仪器确定最佳进样量）同时注入石墨炉，原子化后测其吸光度值，与标准系列比较定量。完成原始数据记录和结果判定，填写表4-3-5。

表4-3-5　婴幼儿配方乳粉铅的测定记录

样品名称：　　　　　　　　样品批次：　　　　　　　　样品状态：

生产单位：　　　　　　　　检验人员：　　　　　　　　审核人员：

检验日期：　　　　　　　　环境温度 /℃：　　　　　　相对湿度 /%：

检验依据：

主要设备：

铅标准工作液浓度 /（μg/L）					
标准曲线方程：			R^2：		

测定记录和结果：

序号	试样称样量 m/g	空白溶液中铅的质量浓度 ρ_0/（μg/L）	试样溶液中铅的质量浓度 ρ/（μg/L）	试样消化液的定容体积 V/mL	试样中铅的含量 X/（mg/kg）	平均值 /（mg/kg）
1						
2						

精密度是否符合要求：是□　否□　　　　标准要求：　　　　结果判定：

任务评价

　　每个学生完成学习任务的成绩评定按学生自评、小组互评、教师评价三阶段进行，并按自评占20%，互评占30%，师评占50%作为每个学生综合评价结果，填表4-3-6。

表4-3-6　婴幼儿配方乳粉铅的检测学习情况评价表

评价项目		评价标准	满分	评价分值			得分
				自评	互评	师评	
素质目标	实验防护	穿洁净实验服，戴帽子、口罩、耐酸碱手套，必要时戴防护眼镜，实验中无试剂喷溅和器具损坏	10				
	实验预备	检查试剂、材料和仪器是否准备到位，有防护眼镜和急救设施	10				
	实验结束	正确处理废液和废弃物，及时清理桌面垃圾	10				
知识目标	能比较石墨炉原子化器和火焰原子化器的结构及优缺点		10				
	能解释食品中铅含量测定方法和原理		10				
技能目标	样品前处理	正确使用天平用减量法称量样品	5				
		正确使用消解装置，样品定容准确，做试剂空白	5				
	配制标准溶液	根据提供样品消解液铅含量的范围，制定标准溶液的配制方案	5				
		正确配制铅标准中间液，正确配制铅标准系列溶液，正确使用移液枪、容量瓶等。	5				
	测定	按国标设置仪器参数，将仪器性能调至最佳状态	5				
		使用工作站测定标准系列溶液、试样待测液和空白待测液	10				
	数据处理与报告	填写原始记录及时规范整，有效数字准确，单位正确，计算准确	5				
		回归线的相关系数符合要求	5				
		精密度符合要求	5				
合计			100				

学习任务4-4　婴幼儿配方乳粉三聚氰胺的检测

任务描述

根据 GB/T 22388—2008《原料乳及乳制品中三聚氰胺检测》，利用高效液相色谱法检测婴幼儿配方乳粉中三聚氰胺。

学习目标

（一）素质目标

① 通过了解"2008 年三聚氰胺污染婴幼儿乳粉事件"，强化通过食品药品安全监管，爱党报国、敬业奉献、服务人民的社会责任意识。

② 通过样品前处理、标准溶液配制、仪器使用规范、标准曲线建立、数据计算和分析等环节的综合学习，养成严谨的工作作风，有家国情怀，有工匠精神，有创新思维和理性思维能力。

（二）知识目标

① 理解高效液相色谱法检测婴幼儿乳粉中三聚氰胺的原理。
② 能制定高效液相色谱法检测婴幼儿乳粉中三聚氰胺的实验方案。

（三）技能目标

① 能进行样品预处理，正确使用固相萃取装置和氮吹仪。
② 能用高效液相色谱法测定三聚氰胺，正确操作高效液相色谱仪和使用工作站软件。
③ 能正确处理实验数据，报告结果。

相关知识点

PPT　　　课程视频

知识点1　原料乳和乳制品中三聚氰胺检测方法

按照 GB/T 22388—2008《原料乳和乳制品中三聚氰胺检测方法》，原料乳和乳制品中三聚氰胺的检测方法有三种：高效液相色谱法（HPLC）、液相色谱 - 质谱 / 质谱法（LC-MS/MS）和气相色谱 - 质谱联用法［包括气相色谱 - 质谱（GC-MS），气相色谱 - 质谱 / 质谱法（GC-MS/MS）］。此标准高效液相色谱法的定量限为 2mg/kg，液相色谱 - 质谱 / 质谱法的定量限为 0.01mg/kg，气相色谱 - 质谱法的定量限为 0.05mg/kg（其中气

相色谱 - 质谱 / 质谱法的定量限为 0.005mg/kg）。

高效液相色谱法（HPLC）的原理：试样用三氯乙酸溶液 - 乙腈提取，经阳离子交换固相萃取柱净化后，用高效液相色谱测定，外标法定量。

液相色谱 - 质谱 / 质谱法（LC-MS/MS）的原理：试样用三氯乙酸溶液提取，经阳离子交换固相萃取柱净化后，用液相色谱 - 质谱 / 质谱法测定和确证，外标法定量。

气相色谱 - 质谱联用法的原理：试样经超声提取，固相萃取净化后，进行硅烷化衍生，衍生产物采用选择离子监测质谱扫描模式（SIM）或多反应监测质谱扫描模式（MRM），用化合物的保留时间和质谱碎片的丰度比定性，外标法定量。

知识点2　高效液相色谱法（HPLC）的特点

高效液相色谱法（HPLC）是 20 世纪 60 年代末期发展起来的，在经典液相色谱的基础上，引入气相色谱的理论和实验技术，以高压液体作流动相，采用高效固定相和高灵敏度检测器发展而成的现代液相色谱分离分析方法。它具有分析速度快、分离效率高、选择性好、灵敏度高的特点，目前已广泛应用于食品、医药、化工、生化、石油、环境监测等领域。

1.相对经典液相色谱法的优势

① 高效。使用了颗粒极细（一般为 10μm 以下）、规则均匀的固定相和均匀填充技术，传质阻抗小，柱效高、分离效率高，理论塔板数可达 10^4 或 10^5。

② 高速。使用高压泵输送流动相，采用梯度洗脱装置，完成一次分析一般只需几分钟到几十分钟，比经典液相色谱法快得多。

③ 高灵敏度。紫外、荧光、蒸发光散射、电化学、质谱等高灵敏度检测器的使用，使灵敏度大大提高，如紫外检测器最小检测限可达 10^{-9}g，荧光检测器最小检测限可达 10^{-12}g。

④ 高度自动化。计算机的应用，使 HPLC 不仅能自动处理数据、绘图和打印分析结果，而且还可以自动控制色谱条件，使色谱系统自始至终都在最佳状态下工作，成为全自动化的仪器。

2.相对气相色谱法的优势

① 应用范围广。高效液相色谱法只要求样品能制成溶液，不需要汽化，可用于沸点高、分子量大、热稳定性差的有机化合物及各种离子的分离分析，如氨基酸、蛋白质、生物碱、核酸、甾体、维生素、抗生素等。

② 流动相可选择范围广。它可用多种不同性质的溶剂作流动相，流动相对分离的选择性影响大，因此对于性质和结构类似的物质分离的可能性比气相色谱法更大。

③ 分离环境普遍。一般只需在室温下进行分离，不需要高柱温。

知识点3　高效液相色谱仪的结构及使用技巧

1.高效液相色谱仪的结构

高效液相色谱仪由高压输液系统、进样系统、分离系统、检测系统、数据处理系统等五大部分组成。其结构示意图如图 4-4-1 所示。

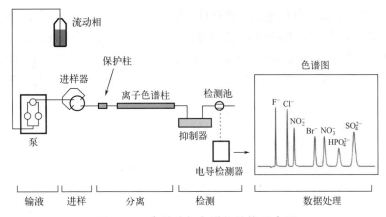

图4-4-1　高效液相色谱仪结构示意图

（1）输液系统

由于高效液相色谱所用的固定相颗粒极细，因此对流动相的阻力很大，为使流动相有较大的流速，必须配备高压输液系统。高压输液系统由贮液瓶、脱气装置、高压输液泵、流量控制装置、梯度洗脱装置组成。

① 贮液瓶。用于盛放流动相的试剂瓶，应耐腐蚀，一般由玻璃、不锈钢或特种塑料制成。大部分是带盖的玻璃瓶，容积为 0.5 ～ 2.0L。

② 脱气装置。流动相溶液往往含有溶解的气体如氧气，使用前必须脱气，否则影响高压泵的正常工作并干扰检测器的检测，增加基线噪声，严重时造成分析灵敏度下降。现在仪器上多配备在线真空脱气，是将流动相通过由多孔性合成树脂膜制成的输液管，该输液管外有真空容器，真空泵工作时，膜外侧被减压，分质量小的氧气、氮气、二氧化碳就从膜内进入膜外而被脱除。

③ 高压输液泵。高压输液泵是高效液相色谱仪的关键部件之一，其功能是将贮液瓶中的流动相以高压形式连续稳定地送入液路系统。泵性能的好坏直接影响整个系统的质量和分析结果的可靠性。高压输液泵要求流量恒定、无脉动，有较大的压力调节范围，耐腐蚀，有较高的输出压力（15 ～ 30MPa），密封性好，死体积小，便于更换溶剂和梯度洗脱，易于清洗和保养。常用的输液泵分为恒流泵和恒压泵两种。恒流泵是能输出恒定流量的泵，其流量与流动相黏度及柱渗透性无关，保留值的重复性好，基线稳定，能满足高精度分析和梯度洗脱要求。恒压泵是能保持输出压力恒定，流量则随系统阻力而变化，如果系统压力不发生变化，恒压泵就能提供恒定的流量。

④ 流量控制装置。可消除柱压过高对分离造成的影响。

⑤ 梯度洗脱装置。高效液相色谱仪中洗脱方式有等度洗脱和梯度洗脱两种。等度洗脱是指在一个分析周期内，流动相组成保持恒定，适于组分数目少、性质差别不大的样品。梯度洗脱，也叫梯度淋洗，是指在一个分析周期内，按一定程序不断改变流动相的浓度配比，从而使一个复杂样品中的性质差异较大的组分得到较好的分离。梯度洗脱的优点是可以提高分离效果，缩短分析时间，提高检测灵敏度。但有时引起基线漂移，重现性变差。梯度洗脱适于分析组分数目多、性质差异较大的复杂样品。

（2）进样系统

高效液相色谱仪的进样系统简称进样器，具有取样和进样功能，安装在色谱柱的进口处，作用是把分析试样有效地送入色谱柱。常用六通阀进样器和自动进样器。

① 六通阀进样器。六通阀进样器多为手动进样器，一般带有 20μL 定量环。

② 自动进样器。除手动进样之外，还有各种形式的自动进样装置，由计算机自动控制定量阀，按预先编制好的程序进样，可自动完成几十或上百个样品的分析。

（3）分离系统

高效液相色谱仪的分离系统主要包括色谱柱、恒温箱和连接管等部件。

色谱柱是液相色谱的心脏部件，由柱管、固定相填料、过滤片、垫圈等组成，如图 4-4-2 所示。色谱柱一般采用直形，按照主要用途分为分析型柱和制备型柱。常见有以下几种规格：①常规分析柱（常量柱），内径 2 ～ 5mm，柱长 10 ～ 30cm；②半微量柱，内径 1.0 ～ 1.5mm，柱长 10 ～ 20cm；③毛细管柱（又称微柱），内径 0.1 ～ 1.0mm，柱长 30 ～ 75cm；④实验室制备柱，内径 20 ～ 40mm，柱长 10 ～ 30cm；⑤生产制备柱内径可达几十厘米。

液相色谱柱的关键是制备出高效的填料，现多使用化学键合固定相作为填充剂，填料颗粒度 5 ～ 10μm，柱效以每米理论塔板数计 70000 ～ 80000。反相色谱系统使用非极性填充剂，以十八烷基键合硅胶（简称 ODS）最为常用，它可完成高效液相色谱分析任务的 70% ～ 80%。正相色谱系统使用极性填充剂，常用的填充剂有硅胶等。

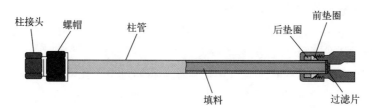

图 4-4-2　高效液相色谱仪色谱柱结构示意图

（4）检测系统

检测器是液相色谱仪的关键部件之一，其作用是将色谱洗脱液中组分的量（或浓度）转变成电信号。一个理想的检测器应具有灵敏度高、重现性好、响应快、线性范围宽、对流动相流量和温度波动不敏感、死体积小等特性。常用的检测器主要有紫外检测器、荧光检测器、示差折光检测器、蒸发光散射检测器和电化学检测器等。

① 紫外检测器。紫外检测器（UV detector，UVD）是高效液相色谱仪中应用最广泛的检测器。其特点是灵敏度较高，噪声低，线性范围宽，受流速和温度波动影响小，不破坏样品，适用于梯度洗脱。缺点是只能检测有紫外吸收的物质，流动相的选择受到一定限制，即流动相的截止波长应小于检测波长。紫外检测器分为固定波长检测器、可变波长检测器和光电二极管阵列检测器。

固定波长检测器常用汞灯的 254nm 或 280nm 为测量波长，检测在此波长下有吸收的有机物，现已少用。

可变波长检测器（variable wavelength detector，VWD），结构与一般紫外 - 可见分光计基本相同，主要区别是流通池（流通池体积一般 5 ～ 10μL）代替了吸收池，可根据被测组分的紫外吸收光谱选择检测波长。

光电二极管阵列检测器（diode array detector，DAD）是紫外检测器的一个重要进展，是目前高效液相色谱仪中性能最好的检测器。它的工作原理是采用光电极管阵列作为检测元件，构成多通道并行工作，复合光通过流通池后，被组分选择性吸收而具有了组分的光谱特征，透过的复合光再由光栅分光，入射到阵列式接收器上使每个纳米光波的光强度转变成相应的电信号，得到时间、波长、吸光强度的三维色谱 - 光谱图。光谱图用于定性，并可判别色谱峰的纯度及分离状况。

② 荧光检测器。荧光检测器（fluorescence detector，FD）是一种高灵敏度、高选择性检测器。它是利用某些有机化合物在受到一定波长和强度的激发光照射后，发射出荧光来进行检测。适用于稠环芳烃、氨基酸、酶、维生素、色素、黄曲霉毒素等荧光物质的检测，荧光的强度与组分浓度成正比。荧光检测器的灵敏度比紫外检测器约高 2 个数量级，因此适合于痕量和超痕量分析，非荧光物质可通过与荧光试剂反应变成荧光物质后再进行检测，扩大了荧光检测器的应用范围。

③ 示差折光检测器。示差折光检测器（differential refractive index detector，RID）是基于连续测定柱后流出液折光率变化来测定样品的浓度。溶液的折光率是流动相及其所含各组分的折光率乘以各自的浓度之和。因此，溶有试样的流动相和纯流动相的折光率差值，可指示样品在流动相中的浓度。示差折光检测器是浓度通用型检测器，无紫外吸收、不发射荧光的物质，如糖类、脂类、烷烃类都能检测，且不破坏样品。但灵敏度低，不适合于微量分析，对温度及流动相变化敏感，也不适于梯度洗脱。

④ 蒸发光散射检测器。蒸发光散射检测器（evaporative light scattering detector，ELSD）是根据检测光散射程度而测定溶质浓度的检测器。色谱柱后流出物在通向检测器途中，被高速载气（氮气）喷成雾状液滴，再进入蒸发漂移管中，流动相不断蒸发，含溶质的雾状液滴形成不挥发的微小颗粒，被载气载带通过检测器。在检测器中，光被散射的程度取决于溶质颗粒的大小与数量。蒸发光散射检测器是质量通用型检测器，具有比示差折光检测器更高的灵敏度，可用于梯度洗脱。适用于检测挥发性低于流动相的组分，主要用于检测糖类、高级脂肪酸、磷脂、维生素、甘油三酯及留体等物质。注意不能使用磷酸盐等不挥发性流动相。

⑤ 电化学检测器。电化学检测器（electrochemical detector，ECD）是根据电化学原理和物质的电化学性质进行检测的，主要用于离子色谱法，具有高灵敏度、高选择性，可用于梯度洗脱。常用电导型检测器，其原理是基于待测物在一些介质中电离后产生的电导变化来测量电离物质的含量。电导检测器的主要部件是电导池，其响应受温度影响较大，因此需要将电导池置于恒温箱中。另外，当 pH 值大于 7 时，该检测器不够灵敏。

（5）数据处理系统

高效液相色谱仪的数据采集和处理由计算机完成，利用色谱工作站采集、分析色谱数据和处理色谱图，给出保留时间、峰宽、峰高、峰面积、对称因子、容量因子、选择因子和分离度等色谱参数。

2.高效液相色谱仪的使用

（1）仪器的性能检定

高效液相色谱仪是高精密度的仪器，必须进行性能检定，性能检定是由法定计量部门或法定授权组织按照检定规程，通过实验来确定高效液相色谱仪的示值误差满足规定要求，其目的是表明仪器能正常工作，给出预期的分析结果。仪器安装后，必须经过检定，检定合格后方能投入使用；仪器使用者每隔 2 ～ 3 个月需进行一次仪器定期检定，并将结果记录备案；色谱仪经维修后，也要经过性能检定方可使用。

（2）操作前准备

① 配制足量的流动相。用高纯度的试剂配制流动相，必要时按照紫外分光光度法进行溶剂检查，应符合要求。水应为新鲜制备的高纯水，可用超纯水器制得或用重蒸馏水。对规定 pH 值的流动相，应使用精密 pH 计进行调节。配制好的流动相用适宜的 0.45μm 滤膜滤过，根据需要选择不同的滤膜，有机相滤膜一般用于过滤有机溶剂，过滤水溶液时流速低或滤不动。水相滤膜只能用于过滤水溶液，严禁用于有机溶剂，否则滤膜会被溶解。过滤后的流动相用前需经过超声脱气。

② 配制供试品溶液。按有关标准规定配制供试溶液。供试溶液在注入色谱仪前，一般应经 0.45μm 的适宜滤膜滤过。必要时在配制供试溶液前，样品需经提取净化，以免对色谱系统产生污染。

（3）操作方法

① 开机前检查。检查仪器各部件的电源线、数据线和输液管道是否连接正常。

② 色谱柱的安装。安装待测样品所需的色谱柱，注意色谱柱方向应与流动相的流向一致。打开柱温箱电源开关，设置柱温箱温度。

③ 开机。通电源，开启电脑，依次开启系统控制器、泵、检测器等（参照各型号仪器说明），仪器自检，最后打开色谱工作站。

④ 管路排气泡。打开排气阀，设置高流速（一般 5mL/min）启动"purge"键排气，观察出口处呈连续液流后，将流速逐步回零或停止冲洗，拧紧排气阀。

⑤ 建立检测方法。根据给定的仪器分析参数，编辑检测方法，并保存方法文件。

⑥ 平衡系统。用检测方法规定的流动相冲洗系统，调流速至分析用值，对色谱系统进行平衡；用干燥滤纸的边缘检查各管路连接处，不得漏液；观察泵控制屏幕上的压力值，压力波动应不超过 1MPa；观察基线变化。初始平衡时间一般约需 30min。如为梯度洗脱，应在程序器上设置梯度程序，用初始比例的流动相对色谱柱进行平衡。

⑦ 进样与数据采集。系统平衡后，设置样品信息、数据文件的保存路径、进样体积等，开始进样，采集数据。

⑧ 谱图处理。打开保存谱图所在的文件夹，打开图谱，查看色谱峰参数，进行数据处理，并打印数据报告。

（4）清洗和关机

① 清洗管路。实验完毕先关检测器，立马清洗色谱柱。对有机溶剂和水的体系实验结束后，应用甲醇或乙腈的水溶液冲洗管路至少 20min，再用甲醇或乙腈冲洗 30 ～ 60min。若使用了缓冲盐流动相，应先用 5% 甲醇水溶液冲洗管路 30min，60% 甲醇水溶液冲洗 30min，95% 甲醇水溶液平衡 30min，再将整个系统保存在纯有机相中。

② 关机。输液泵的流速逐渐减至 0 时，才可将稳压器与泵关闭，关闭联机软件。依次关闭系统控制器、检测器、泵和柱温箱开关。填写使用记录，内容包括日期、样品、色谱柱、流动相、柱压、使用小时数、仪器完好状态等。

3.高效液相色谱法定性定量方法

（1）定性分析

定性分析的任务是确定色谱图上各色谱峰代表什么物质，定性根据是每个峰的保留值。一定色谱条件下，每种物质都有一个确定的保留值，即保留值是特征的。通常有已知对照品时，可在相同色谱条件下绘制色谱图，如果样品峰和对照品峰的保留值相同则可能为同一物质。为了确定是同一物质，尚需做进一步的确证实验，因为色谱定性能力差，常结合其他方法进行定性分析。

利用高效液相色谱法定性分析可以分为色谱鉴定法和非色谱鉴定法两类。

① 色谱鉴定法。色谱鉴定法的依据是相同的物质在相同的实验条件下具有相同的保留值。通常利用已知对照品与样品在相同色谱条件下绘制色谱图。对比样品峰和对照品峰的保留时间或者相对保留时间进行定性分析。

② 与其他方法结合的定性分析法，如与质谱、红外光谱等仪器联用。对于未知物的定性分析，只靠保留时间不足以定性，还可结合化学鉴别反应，结合红外光谱、紫外光谱、质谱和核磁共振波谱等进行定性分析。

③ 与化学方法配合进行定性分析。某些带官能团的化合物可能与某些化学试剂发生化学反应而从样品中去除，比较反应前后两个样品的色谱图，就可认定哪些组分属于某类化合物。

（2）定量分析

目前，高效液相色谱法常用的定量分析方法主要有外标法（标准曲线法）、内标法和归一化法等三种，与气相色谱法的分析方法是一致的，不再赘述。

 知识点4　高效液相色谱法测定婴幼儿乳粉中三聚氰胺

1.试剂和材料

除非另有说明，所有试剂均为分析纯，水为 GB/T 6682—2008 规定的一级水。

① 甲醇：色谱纯。

② 乙腈：色谱纯。

③ 氨水：含量为 25% ～ 28%。

④ 三氯乙酸。

⑤ 柠檬酸。

⑥ 辛烷磺酸钠：色谱纯。

⑦ 甲醇水溶液：准确量取 50mL 甲醇和 50mL 水，混匀后备用。

⑧ 三氯乙酸溶液（1%）：准确称取 10g 三氯乙酸于 1L 容量瓶中，用水溶解并定容至刻度，混匀后备用。

⑨ 氨化甲醇溶液（5%）：准确量取 5mL 氨水和 95mL 甲醇，混匀后备用。

⑩ 离子对试剂缓冲液：准确称取 2.10g 柠檬酸和 2.16g 辛烷磺酸钠，加入约 980mL 水溶解，调节 pH 至 3.0 后，定容至 1L 备用。

⑪ 三聚氰胺标准品：CAS108-78-01，纯度大于 99.0%。

⑫ 三聚氰胺标准贮备液：准确称取 100mg（精确到 0.1mg）三聚氰胺标准品于 100mL 容量瓶中，用甲醇水溶液溶解并定容至刻度，配制成浓度为 1mg/mL 的标准贮备液，于 4℃ 避光保存。

⑬ 固相萃取柱（Solid Phase extraction Cartridges，SPE）：混合型阳离子交换固相萃取柱，基质为苯磺酸化的聚苯乙烯 - 二乙烯基苯高聚物，填料质量为 60mg，体积为 3mL，或相当者。使用前依次用 3mL 甲醇、5mL 水活化。

⑭ 定性滤纸。

⑮ 海砂：化学纯，粒度 0.65 ～ 0.85mm，二氧化硅（SiO_2）含量为 99%。

⑯ 微孔滤膜：0.2μm，有机相。

⑰ 氮气：纯度大于或等于 99.999%。

2.仪器和设备

① 高效液相色谱（HPLC）仪：配有紫外检测器或二极管阵列检测器。

② 分析天平：感量为 0.0001g 和 0.01g。

③ 离心机：转速不低于 4000r/min。

④ 超声波水浴。

⑤ 固相萃取装置。

⑥ 氮气吹干仪。

⑦ 涡旋混合器。

⑧ 具塞塑料离心管（50mL）。

⑨ 研钵。

过微孔滤膜

3.操作步骤

（1）样品处理

① 提取。称取 2g（精确至 0.01g）婴幼儿乳粉试样于 50mL 具塞塑料离心管中，加入 15mL 三氯乙酸溶液和 5mL 乙腈，超声提取 10min，再振荡提取 10min 后，以不低于 4000r/min 离心 10min。上清液经三氯乙酸溶液润湿的滤纸过滤后，用三氯乙酸溶液定容至 25mL，移取 5mL 滤液，加入 5mL 水混匀后作待净化液。

② 净化。将待净化液转移至 SPE 柱中。依次用 3mL 水和 3mL 甲醇洗涤，抽至近干后，用 6mL 氨化甲醇溶液洗脱。整个固相萃取过程流速不超过 1mL/min。洗脱液于 50℃ 下用氮气吹干，残留物（相当于 0.4g 样品）用 1mL 流动相定容，涡旋混合 1min，过微孔滤膜后，供 HPLC 测定。

（2）用高效液相色谱仪测定

① HPLC 参考条件。

a. 色谱柱：C_8 柱，250mm（长）×4.6mm[内径（inner diameter，i.d.）]，5μm（填料颗粒直径），或相当者。

C_{18} 柱，250mm（长）×4.6mm[内径（inner diameter，i.d.）]，5μm（填料颗粒直径），

或相当者。

　　b. 流动相：C_8 柱，离子对试剂缓冲液 - 乙腈（85+15，体积比），混匀。

C_{18} 柱，离子对试剂缓冲液 - 乙腈（90+10，体积比），混匀。

　　c. 流速：1.0mL/min。

　　d. 柱温：40℃。

　　e. 波长：240nm。

　　f. 进样量：20μL。

　　② 标准曲线的绘制。用流动相将三聚氰胺标准储备液逐级稀释得到浓度为 0.8μg/mL、2μg/mL、20μg/mL、40μg/mL、80μg/mL 的标准工作液，浓度由低到高进样检测，以峰面积 - 浓度作图，得到标准曲线回归方程。基质匹配加标三聚氰胺的样品 HPLC 色谱图参见图 4-4-3。

　　基质匹配加标是用不含目标物质的样品进行前处理，在定容时用标准溶液代替空白溶剂来定容，然后上仪器检测。在样品经过前处理（如固相萃取等）后，基质会对测定组分有干扰，如果直接采用溶剂做标准曲线，测定结果会产生很大误差，因此用基质匹配加标的方法做标曲，可以消除基质效应减小误差。

　　③ 定量测定。待测样液中三聚氰胺的响应值应在标准曲线线性范围内，超过线性范围则应稀释后再进样分析。

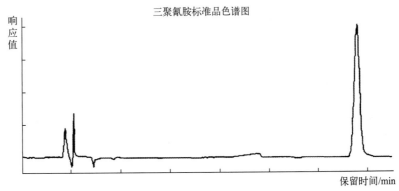

三聚氰胺标准品色谱图

图 4-4-3　基质匹配加标三聚氰胺的样品 HPLC 色谱图

（检测波长 240nm，保留时间 13.6min，C_8 色谱柱）

4. 结果计算

试样中三聚氰胺的含量由色谱数据处理软件或按式（4-4-1）计算获得

$$X = \frac{A \times c \times V \times 1000}{A_s \times m \times 1000} \times f \qquad (4\text{-}4\text{-}1)$$

式中　X——试样中三聚氰胺的含量，mg/kg；

　　　　A——样液中三聚氰胺的峰面积；

　　　　c——标准溶液中三聚氰胺的浓度，μg/mL；

　　　　V——样液最终定容体积，mL；

　　　　A_s——标准溶液中三聚氰胺的峰面积；

　　　　m——试样的质量，g；

　　　　f——稀释倍数。

5.空白实验

除不称取样品外，均按上述测定条件和步骤进行。

6.方法定量限

本方法的定量限为 2mg/kg。

7.回收率

在添加浓度 2 ～ 10mg/kg，回收率为 80% ～ 110%，相对标准偏差小于 10%。

8.允许差

在重复性条件下获得的两次独立测定结果的绝对差值不得超过算术平均值的 10%。

思政小课堂

任务准备

（一）知识学习

引导问题1：解释液相色谱分析的基本原理。

_____

_____

_____

引导问题2：解释液-液分配色谱法分离原理。

_____

_____

_____

引导问题3：解释液-固吸附色谱分离原理。

_____

_____

_____

　　扫描二维码，查阅 GB/T 22388—2008《原料乳与乳制品中三聚氰胺检测方法》，回答引导问题 4～6。

引导问题4：婴幼儿乳粉三聚氰胺测定的方法有哪几种？

_____

_____

_____

GB/T 22388—2008《原料乳与乳制品中三聚氰胺检测方法》

引导问题5：婴幼儿乳粉三聚氰胺高效液相法测定的原理：试样用_____提取，经阳离子交换固相萃取柱净化后，用高效液相色谱测定，外标法定量。

引导问题6：选择高效液相色谱法测定三聚氰胺，请回答如下有关试剂和仪器设备问题。

（1）属于本任务所需试剂的是（　　）。

a. 甲醇　　　　　　　　　　　　　　b. 乙腈

c. 氨水　　　　　　　　　　　　　　d. 氧化镧（La_2O_3）

（2）请判断下列试剂配制方法是否正确？

a. 三氯乙酸溶液（1%）：准确称取 10g 三氯乙酸于 1L 容量瓶中，用水溶解并定容至刻度，混匀后备用。（　　）

b. 氨化甲醇溶液（5%）：准确量取 5mL 氨水和 95mL 甲醇，混匀后备用。（　　）

（3）以下属于本任务所需仪器设备的是（　　）。

a. 原子吸收光谱仪　　　　　　　　　b. 分析天平

c. 高效液相色谱仪　　　　　　　　　d. 离心机

（4）完成本任务，高效液相色谱仪需要配备哪些元件（　　）。

a. 火焰原子化器　　　b. 紫外检测器　　　c. 石墨炉　　　　d. 阴极灯

（二）实验方案设计

通过学习相关知识点，完成表 4-4-1 填写。

表 4-4-1　实验方案设计

组长		组员	
学习项目		学习时间	
依据标准			
准备内容	仪器设备 （规格、数量）		
	试剂耗材 （规格、浓度、数量）		
	样品		
任务分工	姓名	具体工作	
具体步骤			

任务实施

完成婴幼儿乳粉样品处理，配制标准系列溶液，进行仪器设置，完成标准曲线制作，完成样品测定。将原始数据记录和结果判定填入表 4-4-2。

表 4-4-2　婴幼儿乳粉三聚氰胺的检测记录

样品名称：　　　　　　　样品批次：　　　　　　　样品状态：

生产单位：　　　　　　　检验人员：　　　　　　　审核人员：

检验日期：　　　　　　　环境温度 /℃：　　　　　　相对湿度 /%：

检验依据：

主要设备：

标准曲线的绘制：

三聚氰胺标准工作液浓度 /（μg/mL）				
标准曲线方程：			R^2：	

样品及空白测定相关数据：

试样编号	试样质量 m/g	样液峰面积 A	稀释倍数	试样中三聚氰胺含量 /（mg/kg）	平均值 /（mg/kg）	允许差
1						
2						
空白实验						

标准要求：　　　　　　　　　　　　　结果判定：

任务评价

　　每个学生完成学习任务的成绩评定按学生自评、小组互评、教师评价三阶段进行，并按自评占 20%，互评占 30%，师评占 50% 作为每个学生综合评价结果，填表 4-4-3。

表4-4-3　婴幼儿配方乳粉三聚氰胺的检测学习情况评价表

评价项目	评价标准		满分	评价分值			得分
				自评	互评	师评	
素质目标	实验着装	实验服穿戴整齐，手套、帽子齐全	10				
	实验准备	试剂、材料和仪器设备准备好	10				
	实验习惯	标识规范，文明操作规范，安全操作规范，实验完成后按照 5S 要求清洁整理	10				
知识目标	解释高效液相色谱法检测婴幼儿乳粉中三聚氰胺的原理		10				
	制定高效液相色谱法检测婴幼儿乳粉三聚氰胺实验方案		10				
技能目标	样品处理	样品提取：正确使用天平称取试样，正确使用吸量管、离心机	5				
		样品净化：正确使用固相萃取装置、氮吹仪、旋涡混匀器	5				
	标准溶液的配制	根据提供样品消解液三聚氰胺含量的范围，制定标准溶液的配制方案	5				
		正确配制三聚氰胺标准中间液，正确配制三聚氰胺标准系列溶液，正确使用吸量管、容量瓶	5				
	标准溶液和样品测定	能够正确熟练操作仪器，正确设定仪器参数，测定前使用流动相平衡色谱柱，	5				
		使用工作站软件操作 HPLC 检测样品和标准物质，利用标准物质定量样品	10				
	检测结果与数据处理	检测报告完整、规范、整洁	5				
		回归线的相关系数符合要求	5				
		检测结果允许差符合要求	5				
合计			100				

模块检测

一、选择题（20分，每小题1分）

1. （　　）是人体内最丰富最活跃的元素之一，具有维持和调节人体骨骼、肌肉、细胞、循环、免疫等系统的生理功能的重要作用。

a. 钙　　　　　　　b. 铜　　　　　　　c. 铁　　　　　　　d. 镁

2. 属于测定钙元素任务所需仪器设备的是（　　）。

a. 原子吸收光谱仪　　　　　　　　b. 糖度计

c. 旋转蒸发仪　　　　　　　　　　d. 酸度计

3. 利用火焰原子吸收光谱仪测定钙元素的波长设定是（　　）。

a. 422.7　　　　b. 322.7　　　　c. 522.7　　　　d. 以上均不是

4. （　　）是合成甲状腺激素的必不可少的基本成分。

a. 碘　　　　　　　b. 铜　　　　　　　c. 钙　　　　　　　d. 镁

5. （　　）标准溶液应贮藏于棕色瓶子中。

a. 碘　　　　　　　b. 铜　　　　　　　c. 钙　　　　　　　d. 铅

6. 碘元素测定中，亚铁氰化钾和乙酸锌的作用是（　　）。

a. 沉淀　　　　　　b. 衍生　　　　　　c. 提取　　　　　　d. 溶解

7. 碘标准贮备液可以使用（　　）进行配制。

a. 碘酸钾　　　　　　　　　　　　b. 碘化钾

c. 碘酸钾和碘化钾均可以　　　　　d. 以上都不是

8. 样品中碘元素含量小于或等于 1mg/kg 且大于 0.1mg/kg 时，在重复性条件下获得的两次独立测定结果的绝对差值不得超过算术平均值的（　　）。

a. 10%　　　　　b. 15%　　　　　c. 20%　　　　　d. 25%

9. 石墨炉原子吸收光谱法测定铅元素需要配备哪些元件（　　）。

a. 火焰原子化器　　　　　　　　　b. 铅空心阴极灯

c. 石墨炉原子化器　　　　　　　　d. 铜空心阴极灯

10. 利用石墨炉原子吸收光谱法测定铅元素的波长设定是（　　）。

a. 422.7　　　　b. 283.3　　　　c. 522.7　　　　d. 以上均不是

11. 当铅含量小于 1.00mg/kg（或 mg/L）时，计算结果保留（　　）位有效数字。

a. 1　　　　　　　b. 2　　　　　　　c. 3　　　　　　　d. 4

12. 婴幼儿乳粉钙含量测定，样品湿法消解取样量为（　　）。

a. 0.1 ～ 0.2g　　b. 0.2 ～ 3g　　　c. 3 ～ 10g　　　d. 以上都不是

13. 婴幼儿乳粉钙含量测定，样品湿法消解，加入 10mL 硝酸，再加入（　　）高氯酸。

a. 0.2mL　　　　b. 0.5mL　　　　c. 1mL　　　　　d. 以上都不是

14. 婴幼儿乳粉钙含量测定，微波消解取样量为（　　）。

a. 0.1 ～ 0.2g　　b. 0.2 ～ 0.8g　　c. 0.8 ～ 1.0g　　d. 以上都不是

15. 婴幼儿乳粉钙含量测定，镧溶液的浓度应为（　　　）。

a.1g/L　　　　　　b.2g/L　　　　　　　c.20g/L　　　　　　d. 以上都不是

16. 婴幼儿乳粉钙含量测定，取样量应精确至（　　　）。

a.0.1g　　　　　　b.0.01g　　　　　　c.0.001g　　　　　　d.0.0001g

17. 气相色谱法检测碘元素，ECD 检测器温度为（　　　）。

a.250℃　　　　　　b.300℃　　　　　　c.350℃　　　　　　d.400℃

18 与火焰原子吸收法相比，石墨炉原子吸收法有以下特点（　　　）。

a. 灵敏度低但重现性好　　　　　　　　b. 基体效应大但重现性好

c. 样品量大但检出限低　　　　　　　　d. 物理干扰少且原子化效率高

19. 气相色谱法检测碘元素，计算结果保留（　　　）有效数字。

a.1　　　　　　　　b.2　　　　　　　　c.3　　　　　　　　d.4

20. 液相色谱流动相过滤必须使用何种粒径的过滤膜？（　　　）

a.0.5μm　　　　　　b.0.45μm　　　　　　c.0.6μm　　　　　　d.0.55μm

二、判断题（20分，每小题1分，对的画"√"，错的画"×"）

1. 婴幼儿乳粉中可以加入适量的维生素。　　　　　　　　　　　　　　（　　　）

2. 幼儿是 12 ～ 36 月龄。　　　　　　　　　　　　　　　　　　　　（　　　）

3. 硝酸溶液（1+1）的配制方法：量取 500mL 硝酸，与 500mL 水混合均匀。

（　　　）

4. 干法灰化的温度是 550℃。　　　　　　　　　　　　　　　　　　（　　　）

5. 对于灰化不彻底的婴幼儿乳粉，可以使用硝酸加快灰化过程。　　　（　　　）

6. 婴幼儿乳粉钙元素的测定可以不用做空白实验。　　　　　　　　　（　　　）

7. 国标规定，气相色谱法适用于婴幼儿配方食品和乳品中营养强化剂碘的测定（特殊医学用途婴儿配方食品及特殊医学用途配方食品除外）。　　　　　　（　　　）

8. 样品中碘元素含量大于 1mg/kg 时，在重复性条件下获得的两次独立测定结果的绝对差值不得超过算术平均值的 10%。　　　　　　　　　　　　　　（　　　）

9. 原子吸收光谱仪有手动和自动两种进样方式。　　　　　　　　　　（　　　）

10. 铅元素含量测定中，磷酸二氢铵 - 硝酸钯溶液的配制需要用到两种不同浓度的硝酸溶液。　　　　　　　　　　　　　　　　　　　　　　　　　　（　　　）

11. 三氯乙酸溶液（1%）：准确称取 10g 三氯乙酸于 1L 容量瓶中，用水溶解并定容至刻度，混匀后备用。　　　　　　　　　　　　　　　　　　　　　（　　　）

12. 氨化甲醇溶液（5%）：准确量取 5mL 氨水和 95mL 甲醇，混匀后备用。

（　　　）

13. 可以用空气将洗脱液吹干。　　　　　　　　　　　　　　　　　　（　　　）

14. 钙元素测定时，所有玻璃器皿及聚四氟乙烯消解内罐均需硝酸溶液（1+5）浸泡过夜。　　　　　　　　　　　　　　　　　　　　　　　　　　　　　（　　　）

15.EDTA 滴定法也可用来测定食品中钙元素含量。　　　　（　　）

16. 当实验室缺乏氮气时，洗脱液于可用空气吹干代替。　　（　　）

17. 气相色谱法检测碘元素，应配置 ECD 检测器。　　　　（　　）

18. 气相色谱法检测碘元素，若样品中含有淀粉，还需要用淀粉酶处理样品。

　　　　　　　　　　　　　　　　　　　　　　　　　　　（　　）

19. 气相色谱法检测碘元素，标准品用优级纯即可。　　　　（　　）

20. 气相色谱法检测碘元素，所用天平感量应为 0.01mg。　（　　）

三、填空题（20分，每题1分）

1. 火焰原子吸收光谱法测定钙元素的原理：试样经消解处理后，加入_____作为释放剂，经原子吸收火焰原子化，在_____处测定的吸光度值在一定浓度范围内与钙含量成正比，与标准系列比较定量。

2. 气相色谱法测定碘元素的原理：试样中的碘在硫酸条件下与丁酮反应生成丁酮与碘的衍生物，经气相色谱分离，电子捕获检测器检测，_____定量。

3. 食品中碘元素含量的测定方法主要有电感耦合等离子体质谱法、_____、砷铈催化分光光度法和气相色谱法。

4. 当铅含量大于或等于 1.00mg/kg（或 mg/L）时，计算结果保留_____位有效数字。

5. 按照 GB 5009.12—2017《食品安全国家标准 食品中铅的测定》，食品中铅元素含量的测定方法主要有石墨炉原子吸收光谱法、电感耦合等离子体质谱法和_____。

6. 铅元素含量的测定中，硝酸溶液（1+9）的作用是_____。

7. 铅元素含量的测定中，硝酸溶液（5+95）的作用是_____。

8. 在乳品企业，婴幼儿配方乳粉三聚氰胺的检测主要利用_____。

9. 钙元素测定时，用的标准品是_____。

10.EDTA 法钙元素测定，指示剂由紫红色变_____色。

11. 气相色谱法测定碘素测定时，用的标准品是_____。

12. 以标准测定液的_____为纵坐标，以碘标准工作溶液中碘的质量为横坐标制作标准曲线。

13. 湿法消解时，若消化液呈棕褐色，再加少量_____，消解至冒白烟。

14. 测铅元素时，以质量浓度为横坐标，_____为纵坐标，制作标准曲线。

15. 原子吸收光谱法是基于气态原子对光的吸收符合_____，即吸光度与待测元素的含量成正比而进行分析检测的。

16. 气相色谱法检测碘元素，进样量一般为_____。

17. 原子吸收分光光度计由光源、_____、单色器、检测器等主要部件组成。

18. 原子吸收光谱分析仪的光源是_____。

19. 原子吸收光谱分析中，_____是燃气。

20. 国标中规定，_____适用于藻类及其制品中碘的测定。

四、简答题（40分）

1. 如何配制亚铁氰化钾溶液（109g/L）？

2. 利用国标方法测定婴幼儿乳粉中的碘含量，气相色谱仪的设定条件是什么？

3. 比较石墨炉和火焰原子吸收光谱法的异同。

4. 请绘制出婴幼儿乳粉铅含量检测的流程。

5. 回答高效液相色谱法测定三聚氰胺的原理。

模块4
模块检测答案

陕西省"十四五"职业教育规划教材
陕西省职业教育在线精品课程配套教材

乳制品检测技术

发酵乳检测

马兆瑞　姚瑞祺　主编

化学工业出版社
·北京·

目 录

在 GB 19302—2025《食品安全国家标准 发酵乳》中，将发酵乳定义为以生牛（羊）乳、食品工业用浓缩乳、乳粉中的一种或多种为原料，经杀菌、发酵后制成的 pH 值降低的产品。在该标准中对发酵乳的微生物（大肠菌群、霉菌、金黄色葡萄球菌、沙门氏菌）限量和乳酸菌数做了详细规定，并且针对不同的检验项目规定了采样方案、限量值和检验方法。

GB 19302—2025
《食品安全国家
标准 发酵乳》

本模块以发酵乳为项目载体，兼顾微生物检验方法的代表性，设置了发酵乳乳酸菌检验、发酵乳大肠菌群计数、发酵乳霉菌计数、发酵乳金黄色葡萄球菌检验等 4 个学习任务。

学习任务5-1　发酵乳乳酸菌检验

📋 任务安排

学习 GB 4789.35—2023《食品安全国家标准 食品微生物学检验 乳酸菌检验》，熟悉发酵乳乳酸菌检验程序及操作方法，进行某种发酵乳产品的乳酸菌检验，判断其质量。

📖 学习目标

（一）素质目标

① 充分了解乳酸菌数对于发酵乳产品质量的重要性，严格遵守国家标准的检验程序和操作步骤，养成依规操作、照章办事的职业习惯。

② 如实记录实验过程、现象、数据和结果，保证出具的实验数据和实验结论准确可信、客观公正。养成严谨求实的工作作风，为自己和他人负责的工作态度。

（二）知识目标

① 能解释发酵乳和乳酸菌的概念。
② 能说明发酵乳中乳酸菌检测程序。

（三）技能目标

① 会对给定的发酵乳产品进行样品制备及乳酸菌检验操作。
② 会进行菌落计数、结果计算与报告，正确填写乳酸菌检验记录单。

🧲 相关知识点

 知识点1　发酵乳和乳酸菌

PPT　　　　课程视频

1.发酵乳

发酵乳定义为以生牛（羊）乳、食品工业用浓缩乳、乳粉中的一种或多种为原料，经杀菌、发酵后制成的 pH 值降低的产品，一般包括酸乳和风味酸乳。

酸乳是以生牛（羊）乳、食品工业用浓缩乳、乳粉中的一种或多种为原料，经杀菌、接种唾液链球菌嗜热亚种和德氏乳杆菌保加利亚亚种发酵制成的产品。

风味酸乳则是以不低于 80% 生牛（羊）乳、食品工业用浓缩乳、乳粉中的一种或多种为主要原料，添加其他原料，经杀菌、发酵后 pH 降低，发酵前或后添加或不添加食品添加剂、营养强化剂、果蔬、谷物等制成的产品，其中"不低于 80%"是指每100g 发酵乳（除果蔬、谷物之外）中乳固体的含量不低于 80g 乳中乳固体的含量。

2.乳酸菌概念及其检验意义

乳酸菌是一类可发酵糖主要产生大量乳酸的细菌统称。从形态上可分成球菌、杆菌；从生长温度上而言，可分成高温型、中温型；从发酵类型而言，可分成同型发酵型、异型发酵型；从来源上分，可分为动物源型乳酸菌和植物源型乳酸菌。按照《伯杰细菌鉴定手册》中的生化分类法，乳酸菌分属于"革兰氏阳性球菌"中"链球菌科"下的"链球菌属""明串珠菌属""片球菌属"和"革兰氏阳性不生芽孢的杆状细菌"中"乳杆菌科"下"乳杆菌属"和"双歧杆菌属"等 5 个属。GB 4789.35—2023《食品安全国家标准 食品微生物学检验 乳酸菌检验》中提到的乳酸菌主要为乳杆菌属、双歧杆菌属和嗜热链球菌。乳酸菌革兰氏染色阳性，兼性厌氧或厌氧型，一般无芽孢。大多数乳酸菌不运动，少数以周毛运动，菌体常排列成链。20℃以下生长缓慢，耐热性差，巴氏杀菌温度就可致死，最适生长 pH 值 5.5 ～ 6.0，耐酸性强。

除极少数外，乳酸菌绝大部分都是人体内必不可少的且具有重要生理功能的菌群，广泛存在于人体肠道中。在食品领域，乳酸菌不仅可以提高食品的营养价值，改善食品风味，提高食品保藏性和附加值，而且乳酸菌的特殊生理活性和营养功能，正日益引起人们的重视。大量研究资料表明，乳酸菌通过发酵产生的有机酸、特殊酶系、乳酸菌素等物质具有特殊生理功能，乳酸菌能调节胃肠道正常菌群、维持微生态平衡，具有改善胃肠道功能、提高食物消化率和生物效价、促进动物生长、抑制肠道内腐败菌生长、控制内毒素、降低血清胆固醇、提高机体免疫力等功效。GB 19302—2025《食品安全国家标准 发酵乳》中规定发酵后不经热处理的产品中乳酸菌数大于或等于 1.0×10^6[CFU/g（mL）]。

知识点2　食品中乳酸菌检验方法

现行的 GB 4789.35—2023《食品安全国家标准 食品微生物学检验 乳酸菌检验》，适用于含活性乳酸菌的食品中乳酸菌检验，检验方法采用平板菌落计数法。根据对待检样品含菌量的估计，选择 2 ～ 3 个连续的适宜稀释度，每个稀释度吸取 1mL 样品匀液于灭菌平皿内，每个稀释度做两个平皿。稀释液移入平皿后，将冷却至 48 ～ 50℃培养基倾注入平皿约 15mL，转动平皿使混合均匀，36℃ ±1℃培养 48 ～ 72h，培养后计数平板上的所有菌落数。从样品稀释到平板倾注要求在 15min 内完成。通过选择不同的培养基和培养条件，可以得到不同乳酸菌的计数结果。在进行双歧杆菌属计数时，采用莫匹罗星锂盐和半胱氨酸盐酸盐改良 MRS 培养基，厌氧培养；嗜热链球菌计数时，采用 MC 培养基，有氧培养；乳杆菌属计数时，采用 MRS 琼脂培养基，厌氧培养；将嗜热链球菌计数和乳杆菌属计数相加就可以得到样品中大约的乳酸菌总数。

 知识点3　发酵乳中乳酸菌检验

1.试剂和材料

① 稀释液：将 8.5g 氯化钠和 15g 胰蛋白胨加入到 1000mL 蒸馏水中，加热溶解，按需要分装入锥形瓶和试管，锥形瓶中量入 225mL 并加入玻璃珠，试管中量入 9mL，121℃高压灭菌 15min。

② MRS（Man Rogosa Sharpe Agar）培养基：由荷兰科学家 de Man、Rogosa 和 Sharpe 于 1960 年开发，成分中蛋白胨、牛肉粉、酵母粉提供氮源、维生素和生长因子，葡萄糖为可发酵糖类，磷酸氢二钾、柠檬酸三铵、硫酸镁、硫酸锰、吐温 80 和醋酸钠在提供生长因子同时还中和细胞毒性物质，琼脂粉是培养基凝固剂。这些成分协同作用为乳酸菌提供一个良好的生长环境，旨在促进"乳酸菌"生长。

干粉 MRS 培养基的使用方法是，根据说明称取一定量试剂，加热溶解于 1000mL 蒸馏水中，分装锥形瓶，121℃高压灭菌 15min，备用。

③ 莫匹罗星锂盐（Li-Mupirocin）半胱氨酸盐酸盐（Cysteine Hydrochloride）改良 MRS 培养基：莫匹罗星锂盐是一种能抑制除双歧杆菌以外多数乳酸菌的抗生素，半胱氨酸盐酸盐可以促进双歧杆菌生长，加入 MRS 培养基后可以改良其分离培养双歧杆菌性能。

莫匹罗星锂盐（Li-Mupirocin）半胱氨酸盐酸盐（Cysteine Hydrochloride）改良 MRS 培养基的制作方法是，将灭菌好的 MRS 培养基冷却至 48℃左右，按说明在 MRS 培养基中加入无菌的莫匹罗星锂盐和半胱氨酸盐酸盐试剂，混匀，保温在 48℃水浴锅备用。

④ MC（Modified Chalmers Agar）培养基：MC 培养基用于食品中嗜热链球菌总数测定。成分中大豆蛋白胨、牛肉粉和酵母粉提供氮源、维生素和生长因子，葡萄糖和乳糖提供碳源，碳酸钙被乳酸菌产生的酸溶解后可用以辨别乳酸菌，琼脂是培养基的凝固剂，中性红为 pH 指示剂。

干粉 MC 培养基的使用方法是，按说明称取一定量试剂，加热煮沸溶解于 1000mL 蒸馏水中，分装锥形瓶，121℃高压灭菌 15min，冷却后保温在 48℃水浴锅，备用。

2.仪器和设备

除微生物实验室常规灭菌及培养设备外，其他设备和材料如下：

① 恒温培养箱：36℃ ±1℃。

② 厌氧培养装置：厌氧培养箱、厌氧罐。

③ 冰箱：2 ～ 8℃。

④ 均质器及无菌均质袋、均质杯或灭菌乳钵。

⑤ 天平：感量 0.001g。

⑥ 无菌试管：18mm×180mm、15mm×100mm。

⑦ 无菌吸管：1mL（具 0.01mL 刻度）、10mL（具 0.1mL 刻度）或微量移液器及吸头。

⑧ 无菌锥形瓶：500mL、250mL。

3.操作步骤

乳酸菌检验程序见图 5-1-1。

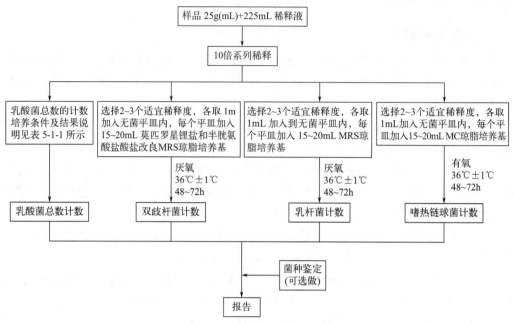

图5-1-1　乳酸菌检验程序

（1）样品制备

样品的全部制备过程均应遵循无菌操作程序。

① 先将发酵乳充分摇匀后以无菌吸管吸取样品 25mL 放入装有 225mL 稀释液的无菌锥形瓶（瓶内预置适当数量的无菌玻璃珠）中，充分振摇，制成 1∶10 的样品匀液。或者将发酵乳以无菌操作称取 25g 样品，放入有 225mL 稀释液的无菌均质袋中，用拍击式均质器拍打 1 ～ 2min，制成 1∶10 样品匀液。

② 用 1mL 无菌吸管或微量移液器吸取 1∶10 样品匀液 1mL，沿管壁缓慢注于装有 9mL 稀释液的无菌试管（注意吸管尖端不要触及稀释液），振摇试管或换用 1 支无菌吸管反复吹打使其混合均匀，制成 1∶100 的样品匀液。

③ 另取 1mL 无菌吸管或微量移液器吸头，按上述操作顺序，做 10 倍递增样品匀液，每递增稀释一次，即换用 1 次 1mL 灭菌吸管或吸头。

（2）乳酸菌计数培养条件和结果说明

① 乳酸菌总数，乳酸菌总数计数培养条件的选择及结果说明见表 5-1-1。

表5-1-1　乳酸菌总数计数培养条件的选择及结果说明

序号	样品中所包括乳酸菌菌属	培养条件的选择及结果说明
1	仅包括乳杆菌属	48～50℃的 MRS 琼脂培养基，36℃ ±1℃厌氧培养 48～72h。结果即为乳杆菌属总数
2	仅包括嗜热链球菌	48～50℃的 MC 培养基，有氧培养 48～72h。结果即为嗜热链球菌总数

序号	样品中所包括乳酸菌菌属	培养条件的选择及结果说明
3	同时包括双歧杆菌属和乳杆菌属	48～50℃的 MRS 琼脂培养基，36℃ ±1℃厌氧培养 48～72h。结果即为乳酸菌总数
4	同时包括双歧杆菌属和嗜热链球菌	48～50℃的莫匹罗星锂盐和半胱氨酸盐酸盐改良的 MRS 培养基，36℃ ±1℃厌氧培养 48～72h；48～50℃的 MC 培养基，36℃ ±1℃有氧培养 48～72h。双歧杆菌与嗜热链球菌计数结果之和即为乳酸菌总数
5	同时包括乳杆菌属和嗜热链球菌	48～50℃的 MRS 琼脂培养基，36℃ ±1℃厌氧培养 48～72h；48～50℃的 MC 培养基，36℃ ±1℃有氧培养 48～72h。乳杆菌与湿热链球菌落计数结果之和即为乳酸菌总数
6	同时包括双歧杆菌属，乳杆菌属和嗜热链球菌	48～50℃的 MRS 琼脂培养基，36℃ ±1℃厌氧培养 48～72h；48～50℃的 MC 培养基，有氧培养 48～72h。二者菌落计数结果之和即为乳酸菌总数

② 双歧杆菌计数。根据对待检样品双歧杆菌含量的估计，选择 2 ～ 3 个连续的适宜稀释度，每个稀释度吸取 1mL 样品匀液于灭菌平皿内，每个稀释度做两个平皿。稀释液移入平皿后，将冷却至 48～50℃的莫匹罗星锂盐和半胱氨酸盐酸盐改良的 MRS 培养基倾注入平皿约 15～20mL，转动平皿使混合均匀。凝固后倒置，36℃ ±1℃厌氧培养 48～72h，培养后计数平板上的所有菌落数。从样品稀释到平板倾注要求在 15min 内完成。

③ 嗜热链球菌计数。根据待检样品嗜热链球菌活菌数的估计，选择 2 ～ 3 个连续的适宜稀释度，每个稀释度吸取 1mL 样品匀液于灭菌平皿内，每个稀释度做两个平皿。稀释液移入平皿后，将冷却至 48～50℃的 MC 培养基倾注入平皿约 15～20mL，转动平皿使混合均匀。凝固后倒置，36℃ ±1℃有氧培养 48～72h，培养后计数。嗜热链球菌在 MC 琼脂平板上的菌落特征为：菌落中等偏小，边缘整齐光滑的红色菌落，直径 2mm±1mm，菌落背面为粉红色。从样品稀释到平板倾注要求在 15min 内完成。

④ 乳杆菌计数。根据待检样品活菌总数的估计，选择 2 ～ 3 个连续的适宜稀释度，每个稀释度吸取 1mL 样品匀液于灭菌平皿内，每个稀释度做两个平皿。稀释液移入平皿后，将冷却至 48～50℃的 MRS 琼脂培养基倾注入平皿约 15～20mL，转动平皿使混合均匀。凝固后倒置，36℃ ±1℃厌氧培养 48～72h。从样品稀释到平板倾注要求在 15min 内完成。

4.乳酸菌检测结果计数及报告

（1）菌落计数

可用肉眼观察，必要时用放大镜或菌落计数器。菌落计数以菌落形成单位（CFU）表示。

① 选取菌落数在 30 ～ 300CFU、无蔓延菌落生长的平板计数菌落总数。低于 30CFU 的平板记录具体菌落数，大于 300CFU 的可记录为多不可计。每个稀释度的菌落数应采用两个平板的平均数。

② 其中一个平板有较大的片状生长的平板不宜采用，而应以无片状菌落生长的平板作为该稀释度的菌落数；若片状菌落不到平板的一半，而其余一半中菌落分布又很均匀，即可计算半个平板后乘以 2，代表一个平板菌落数。

③ 当平板上出现菌落间无明显界线的链状生长时，则将每条单链作为一个菌落计数。

（2）结果计算

① 若只有一个稀释度平板上的菌落数在适宜计数范围内，计算两个平板菌落数的平均值，再将平均值乘以相应稀释倍数，作为每克或每毫升中菌落总数结果。

② 若两个连续稀释度的平板菌落数均在适宜的计数范围内，按式（5-1-1）进行计算；

$$N = \frac{\sum c}{(n_1 + 0.1n_2)\, d} \tag{5-1-1}$$

式中，N——样品中的菌落数，CFU/g 或 CFU/mL；

$\sum c$——平板（含适宜范围菌落数的平板）菌落数之和；

n_1——第一稀释度（低稀释倍数）平板个数；

n_2——第二稀释度（高稀释倍数）平板个数；

d——稀释因子（第一稀释度）。

③ 若所有稀释度的平板上菌落数均大于 300CFU，则对稀释度最高的平板进行计数，其他平板可记录为多不可计，结果按平均菌落数乘以最高稀释倍数计算。

④ 若所有稀释度的平板菌落数均小于 30CFU，则应按稀释度最低的平均菌落数乘以稀释倍数计算。

⑤ 若所有稀释度（包括液体样品原液）平板均无菌落生长，则以小于 1 乘以最低稀释倍数计算。

⑥ 若所有稀释度的平板菌落数均不在 30～300CFU，其中一部分小于 30CFU 或大于 300CFU 时，则以最接近 30CFU 或 300CFU 的平均菌落数乘以稀释倍数计算。

（3）结果报告

根据菌落计数结果出具报告，报告单位以 CFU/g（mL）表示。菌落数小于 100CFU 时，按"四舍五入"原则修约，以整数报告；菌落数大于或等于 100CFU 时，第三位数字采用"四舍五入"原则修约后，取前两位数字，后面用 0 代替位数；也可用 10 的指数形式来表示，按"四舍五入"原则修约后，采用两位有效数字。

思政小课堂

任务准备

（一）知识学习

❓ **引导问题1：** 扫描二维码，学习GB 19302—2025《食品安全国家标准 发酵乳》，简述发酵乳各项微生物指标要求及检验方法。

_____
_____
_____
_____
_____
_____
_____
_____
_____

❓ **引导问题2：** 利用互联网查阅资料，简述我国发酵乳的生产及消费情况。

_____
_____
_____
_____
_____
_____
_____
_____
_____

❓ **引导问题3：** 扫描二维码，学习课程视频及GB 4789.35—2023《食品安全国家标准 食品微生物学检验 乳酸菌检验》，简述乳酸菌检验程序。

GB 4789.35—2023
《食品安全国家
标准 食品微生物
学检验 乳酸菌
检验》

_____
_____
_____
_____
_____
_____
_____

（二）实验方案设计

通过学习相关知识点和 GB 4789.35—2023《食品安全国家标准 食品微生物学检验 乳酸菌检验》，完成表 5-1-2 填写。

表5-1-2 实验方案设计

组长		组员	
学习项目		学习时间	
依据标准			
准备内容	仪器设备 （规格、数量）		
	试剂耗材 （规格、浓度、数量）		
	样品		
任务分工	姓名	具体工作	
具体步骤			

姓名　　　　学号　　　　班级

任务实施

依据“知识点 3”进行 1 个待检发酵乳样品的乳酸菌检测，按式 5-1-1 计算乳酸菌总数，完成表 5-1-3 发酵乳乳酸菌检验记录。

表 5-1-3　发酵乳乳酸菌检验记录

样品名称：	样品批次：	样品状态：
生产单位：	检验人员：	审核人员：
检验日期：	环境温度 /℃：	相对湿度 /%：
检验依据：		
主要设备：		
检验记录：		

将样品制备并进行 10 倍系列稀释，选取 2 ～ 3 个稀释度，各取 1mL 加入无菌培养皿内，每个平皿加入选择的培养基进行平板倾注接种，从样品稀释到平板倾注要求在 15min 内完成							
培养基选择	培养条件	稀释度	平板菌落计数				
			平板 1	平板 2	均值	空白对照	沉降菌
双歧杆菌计数：							
冷却至 48～50℃莫匹罗星锂盐和半胱氨酸盐酸盐改良 MRS 培养基倾注入平皿约 15～20mL，转动平皿使混合均匀	（36±1）℃厌氧培养 48～72h	1:10（CFU/g）					
		1:100（CFU/g）					
		1:1000（CFU/g）					
嗜热链球菌计数：							
冷却至 48～50℃的 MC 培养基倾注入平皿约 15～20mL，转动平皿使混合均匀	（36±1）℃有氧培养 48～72h	$1:10^6$（CFU/g）					
		$1:10^7$（CFU/g）					
		$1:10^8$（CFU/g）					

培养基选择	培养条件	稀释度	平板菌落计数				
			平板 1	平板 2	均值	空白对照	沉降菌
乳杆菌计数：							
冷却至48～50℃的MRS培养基倾注入平皿约15～20mL，转动平皿使混合均匀	（36±1）℃厌氧培养48～72h	$1:10^6$（CFU/g）					
		$1:10^7$（CFU/g）					
		$1:10^8$（CFU/g）					
乳酸菌总数CFU/（g/mL）	仅包括双歧杆菌属						
	仅包括乳杆菌属						
	仅包括嗜热链球菌						
	同时包括双歧杆菌属和乳杆菌属						
	同时包括双歧杆菌属和嗜热链球菌						
	同时包括乳杆菌属和嗜热链球菌						
	同时包括双歧杆菌属，乳杆菌属和嗜热链球菌						
标准菌株	德氏乳杆菌保加利亚亚种 CICC6047、嗜热链球菌 CICC6038						

标准要求：　　　　　　　　　　　　　　　　结果判定：

📋 任务评价

每个学生完成学习任务的成绩评定按学生自评、小组互评、教师评价三阶段进行，并按自评占20%，互评占30%，师评占50%作为每个学生综合评价结果，填入表5-1-4。

表5-1-4　发酵乳乳酸菌检验的学习情况评价表

评价项目		评价标准	满分	评价分值			得分
				自评	互评	师评	
素质目标	实验着装	戴工作帽、口罩，着干净实验服，按无菌操作规定进行操作	10				
	如实记录实验现象	如实记录实验过程、现象、数据和结果，保证出具实验数据和实验结论准确可信、客观公正	10				
知识目标	知识学习	登陆课程平台，阅读相关知识点，完成知识学习	10				
	实验方案	以小组为单位设计与撰写一份实验方案。优秀10分，良好8分，中等6分，其他酌情给分。实验小组每个成员同等得分	10				
技能目标	检验前准备	培养基、稀释液的制备、分装、灭菌。准备的数量够，操作正确，得5分；准备数量不够，扣2分，操作不规范者，扣3分	5				
	检验前准备	培养皿、吸管的洗涤、包扎、灭菌。准备的数量够，操作正确，得5分；准备数量不够，扣2分，操作不规范者，扣3分	5				
	检验操作	样品制备与稀释。无菌、规范操作得10分；移液管使用不规范，扣3分；样液没有混匀，扣2分；无菌操作不规范，扣5分	10				
		接种操作。稀释度选择正确，接种样品匀液的量准确、规范，得10分；稀释度选择不合理，扣3分；接种样液的量不准确，扣3分；无菌操作不规范，扣5分	10				

评价项目		评价标准	满分	评价分值			得分
				自评	互评	师评	
技能目标	检验操作	倾注平板。倾注培养基的温度和量正确，样液与培养基混匀，得10分；培养基温度不当，扣2分；培养基的倾注量过多或过少均扣2分；样液与培养基没混匀或溅到皿盖，扣2分；无菌操作不规范，扣5分	10				
		培养。平板放置正确，培养箱温度设置正确，得5分；平板没有倒置，扣2分；培养时间和温度设置不正确，扣3分	5				
	文明操作	整理实验台面，清洗用过的玻璃器皿，实验物品摆放规范，得5分；未整理台面，扣2分；未清洗所用玻璃器皿，扣2分；台面实验物品摆放不合理，扣1分	5				
	实验结果	菌落计数方法正确，正确计数，得5分；菌落计数方法不正确，扣3分；平行试验菌落计数结果差异太大，偏差超出5%，扣1分；菌落计数不合理或者空白长有菌落，扣1分	5				
		原始记录单填写规范、结果正确、报告方式规范，得5分；原始记录填写不完整，扣2分；填写不规范，扣1分；计算结果不正确，扣1分；报告方式不规范，扣1分	5				
合计			100				

学习任务5-2 发酵乳大肠菌群计数

📇 任务安排

依据 GB 4789.3—2025《食品安全国家标准 食品微生物学检验 大肠菌群计数》中的第二法——大肠菌群平板计数法，对一种发酵乳中大肠菌群进行计数，判断发酵乳质量。

📖 学习目标

（一）素质目标

大肠菌群是条件性致病菌，为了保证环境的生物安全，必须按实验室生物废弃物处理的规定处理废弃物，树立严格遵守各项操作章程和环境保护意识。

（二）知识目标

① 能说明大肠菌群概念和大肠菌群检验意义。
② 能说明大肠菌群平板计数检验流程。

（三）技能目标

① 会进行样品预处理。
② 会进行发酵乳大肠菌群平板计数检验。
③ 会进行检验结果的分析和报告。

🧲 相关知识点

🎙 知识点1 大肠菌群概念及其计数意义

PPT　　　　课程视频

大肠菌群并非细菌学分类命名，而是卫生细菌领域的用语，它不代表某一种或某一属细菌，而是一组与粪便污染有关的细菌，这些细菌在生化及血清学方面并非完全一致。一般认为大肠菌群细菌包括埃希氏菌属、柠檬酸杆菌属、克雷伯氏菌属和肠杆菌属等，以埃希氏菌属为主，俗称典型大肠杆菌。这些属的细菌均来自人和温血动物的肠道，需氧与兼性厌氧，不形成芽孢，在 35 ～ 37℃条件下，48h 内能发酵乳糖产酸产气，革兰氏阴性。

大肠菌群的食品卫生学意义是作为食品被粪便污染的指示菌，食品中粪便含量只要达到 10^{-3}mg/kg 即可检出大肠菌群，因此食品中检出大肠菌群就表示食品受到人和温血动物的粪便污染。粪便是人类肠道排泄物，其中有健康人粪便，也有肠道病患者或带菌者的粪便，所以粪便内除一般正常细菌外，同时也会有一些肠道致病菌存在（如沙门氏菌、志贺氏菌等）。食品被粪便污染，则可以推测该食品具有被肠道致病菌污染和潜在危害人体健康的可能性，潜伏着导致食物中毒和流行病的威胁。因此大肠菌群已被广泛用作食品卫生质量检验的指示菌，GB 19302—2025《食品安全国家标准 发酵乳》中对大肠菌群的采样方案、限量及计数方法做了严格规定，同一批次产品应采集的样品件数 n 为 5，最大可允许超出 m 值的样品数 c 为 2 个，微生物指标可接受水平的限量值 m 为 1CFU/g（mL），微生物指标的最高安全限量值 M 为 5CFU/g（mL）。

 ## 知识点2　食品中大肠菌群计数方法

GB4789.3—2025《食品安全国家标准 食品微生物学检验 大肠菌群计数》规定食品中大肠菌群计数的方法有 MPN 法和平板计数法。MPN（Most probable number）法是统计学和微生物学结合的一种定量检测法。待测样品经系列稀释并培养后，根据其未生长的最低稀释度与生长的最高稀释度，应用统计学概率论推算出待测样品中大肠菌群的最大可能数。平板计数法是大肠菌群在固体培养基中发酵乳糖产酸，在指示剂的作用下形成可计数的红色或紫色，带有或不带有沉淀环的菌落，对其直接进行计数统计，本任务仅学习平板计数法。

 ## 知识点3　发酵乳中大肠菌群的平板计数法计数

1.试剂和材料

① 生理盐水：生理盐水是指生理学实验或临床上常用的渗透压与细胞环境或人体血浆渗透压相等的氯化钠溶液，用于细菌培养时浓度为 0.85%。由于它的渗透压和细胞外的渗透压一致，所以不会导致细胞脱水或者过度吸水膨胀，从而避免细胞死亡。

制作方法是将氯化钠 8.5g 加入 1000mL 蒸馏水，搅拌至完全溶解，分装入锥形瓶或试管后，121℃灭菌 15min。

② 磷酸盐缓冲液（PBS）：它有可维持离子浓度稳定、调节渗透压、维持 pH 值稳定作用，新配置的磷酸盐缓冲液 pH 值为 7.2 ～ 7.4。蒸馏水不具有调节盐平衡，维持渗透压作用，用作稀释液会破坏细胞结构及其生物活性。生理盐水虽具有调节盐平衡，维持渗透压作用，但不具有调节 pH 值作用，不能保证生物活性细胞在适宜 pH 值条件下参与生物化学反应。

可按照 GB 4789.3—2025《食品安全国家标准　食品微生物学检验 大肠菌群计数》提供的方法进行制作，也可以购买磷酸盐缓冲液商品试剂，按说明使用。

③ 结晶紫中性红胆盐琼脂（VRBA）：配方中蛋白胨和酵母膏提供氮源和微量元素；乳糖是可发酵糖类；氯化钠可维持均衡的渗透压；胆盐和结晶紫抑制革兰氏阳性菌，特别抑制革兰氏阳性杆菌和粪链球菌；中性红为 pH 值指示剂。

可按照 GB 4789.3—2025《食品安全国家标准 食品微生物学检验 大肠菌群计数》提供的方法进行制作，也可以购买结晶紫中性红胆盐琼脂干粉试剂，按说明配制。一般制作方法是将各种成分称量好，溶于蒸馏水中，静置几分钟，充分搅拌，调节 pH 值至 7.4±0.1。煮沸 2min，将培养基熔化并恒温至 45 ~ 50℃ 倾注平板。使用前临时制备，不得超过 3h。

④ 煌绿乳糖胆盐肉汤（BGLB）：配方中蛋白胨提供氮源；乳糖是可发酵糖类；牛胆粉和煌绿抑制革兰氏阳性菌，大肠菌群对这些抑制剂具有耐药性；煌绿易溶于水呈绿色溶液，在酸性条件转为黄棕色，然后渐渐褪色，可作为 pH 值指示剂。

可以按照 GB 4789.3—2025《食品安全国家标准 食品微生物学检验 大肠菌群计数》提供的方法进行制作，也可以购买煌绿乳糖胆盐肉汤（BGLB）干粉试剂，按说明使用。值得注意的是，煌绿乳糖胆盐肉汤配好后要分装到倒扣有德汉氏发酵管的试管中，每管 10mL。121℃ 高压灭菌 15min，灭菌前要检查德汉氏发酵管里面是否有空气，如果有空气，先捂住试管口倒置试管，排出空气。

2.仪器和设备

除微生物实验室常规灭菌及培养设备外，其他设备和材料如下。

① 恒温培养箱：36℃ ±1℃，30℃ ±1℃。

② 冰箱：2 ~ 8℃。

③ 恒温装置：48℃ ±2℃。

④ 天平：感量 0.1g。

⑤ 均质器。

⑥ 混匀器和机械振荡器。

⑦ 无菌吸管：1mL（具 0.01mL 刻度）、2mL（具 0.02mL 刻度）、10mL（具 0.1mL 刻度）或微量移液器及吸头。

⑧ 无菌锥形瓶：容量 500mL。

⑨ 无菌培养皿：直径 90mm。

⑩ pH 计或精密 pH 试纸。

⑪ 菌落计数器。

3.检验程序

大肠菌群平板计数法的检验程序见图 5-2-1。

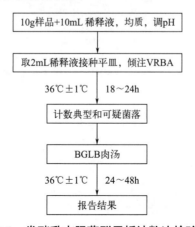

图 5-2-1 发酵乳大肠菌群平板计数法检验程序

4.操作步骤

（1）样品的稀释

无菌称取 10g 样品加入盛有 10mL 磷酸盐缓冲液或生理盐水的无菌均质杯内，8000 ～ 10000r/min 均质 1 ～ 2min；或放入盛有 10mL 磷酸盐缓冲液或生理盐水的无菌均质袋中，用拍击式均质器拍打 1 ～ 2min，制成 1∶1 的样品匀液。调节样品匀液的pH 至 6.5 ～ 7.5 之间。

（2）接种和培养

① 接种。用上述 1∶1 样品稀释液接种 2 个无菌平皿，每皿 2mL。同时取磷酸盐缓冲液或生理盐水加入 2 个无菌培养皿作空白对照，每皿 2mL。尽快将冷却至 48℃ ±2℃的 VRBA 倾注于培养皿中，每皿 15 ～ 20mL。小心旋转培养皿，将培养基与接种的样品匀液充分混匀，水平静置待其凝固。从制备样品匀液开始至倾注 VRBA 完毕，全过程不得超过 15min。琼脂凝固后，再均匀覆盖 3 ～ 4mLVRBA 至整个平板表面。

② 培养。覆层的琼脂凝固后翻转平板，置于 30℃ ±1℃培养 18 ～ 24h。

（3）平板菌落数计数

观察并计数菌落，必要时用放大镜或菌落计数器。选取所有菌落数在 15 ～ 150CFU之间的平板，分别计数平板上出现的典型和可疑大肠菌群菌落。

VRBA 的中性红为 pH 值指示剂，在酸性条件下为紫红色，大肠菌群在 VRBA 平板上发酵乳糖产酸，导致菌落为紫红色。大肠菌群分解乳糖产生乳酸与胆盐结合，可形成沉淀，因此菌落周围有红色胆盐沉淀环。典型菌落为红色至紫红色，菌落周围可带有红色沉淀环，菌落直径一般大于 0.5mm。可疑菌落为红色至紫红色，菌落直径一般小于 0.5mm。

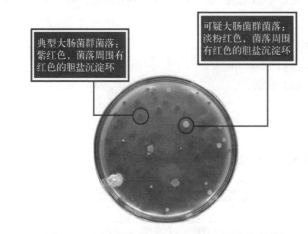

彩图二维码

图 5-2-2　大肠菌群 VRBA 平板上的菌落特征

（4）确认试验

从 VRBA 平板上挑取典型和可疑菌落各 5 个，典型或可疑菌落少于 5 个者，则挑取其全部菌落。每个菌落接种 1 支 BGLB 肉汤管（内置德汉氏发酵管），36℃ ±1℃培养 24h±2h，检查产气情况，产气者为大肠菌群阳性；未产气者则继续培养至 48h±2h再观察，产气者为大肠菌群阳性，仍未产气者为大肠菌群阴性。

大肠菌群可以发酵乳糖产酸使得 BGLB 由绿色变黄色，同时产气聚集在德汉氏发酵管里。胆盐与大肠菌群分解乳糖所产的乳酸形成胆汁酸沉淀，导致肉汤变浑浊。

彩图二维码

图 5-2-3　大肠菌群在 BGLB 肉汤中的生长情况

左：空白；右：产气

5.大肠菌群平板计数的报告

所选稀释度的典型菌落数以及可疑菌落数与各自大肠菌群阳性率的乘积之和的平均值，乘以稀释倍数，为大肠菌群的菌落数。大肠菌群的菌落数小于 100CFU 时，按"四舍五入"的原则修约，以整数报告。大肠菌群的菌落数大于或等于 100CFU 时，第 3 位数字采用"四舍五入"原则修约后，取前 2 位数字，后面用 0 代替位数；也可用 10 的指数形式来表示，按"四舍五入"原则修约后，保留两位有效数字。

 知识点4　实验室生物废弃物处理的规定

1.定义及分类

生物废弃物是生物实验过程中产生的废物，包括使用过的、过期的、淘汰的、变质的、被污染的生物样品（制品）、培养基、生化（诊断指示）试剂、标准溶液及试剂盒等。

2.处理原则

生物废弃物处理的原则是所有感染性材料必须在实验室内清除污染，经高压灭菌、消毒或焚烧等方式处理后，再转移到专业公司进行无害化处理。生物废弃物不可作为一般城市生活垃圾处置。

3.具体要求

（1）细胞培养物

鉴于有些细胞株可能有未知的生物危险性，细胞培养废液不能直接倾倒进入下水道，需要经有效浓度为 10% 的 84 消毒液处理后才能回收。

具体方法：直接将适量的 84 消毒液倒入培养瓶或者培养皿，盖紧瓶盖后，将 84 消毒液与培养物充分混匀，和瓶内壁充分接触。

（2）工程细菌和噬菌体

化学院实验室常用的微生物多为工程细菌和噬菌体。如果没有实验条件，在化学学院禁止使用有致病性的细菌。工程细菌不会对人造成感染，但为了不污染环境，要求细菌废液和接触细菌的容器要做以下处理：

① 高压灭菌处理，用于处理细菌废液和玻璃培养瓶等；

② 84 消毒液处理。将待消毒的物品放入装有含氯消毒剂溶液的容器中，加盖。对细菌繁殖体污染的物品的消毒，用含有效氯 500mg/L 的消毒液浸泡 10min 以上；对经血传播病原体、分枝杆菌和细菌芽孢污染物品的消毒，用含有效氯 2000 ～ 5000mg/L 消毒液浸泡 30min 以上。

（3）对于噬菌体的处理

① 高压蒸汽灭菌处理。比起细菌来，病毒对热力的耐受力更弱。高压灭菌的目的就是消灭一切微生物包括细菌芽孢、病毒。

② 超净台的灭毒工作。建议操作前清空超净台，紫外线消毒 0.5h；操作后清空超净台，酒精擦拭超净台和枪；紫外灯消毒超净台 1h，重新高压所用耗材。

（4）实验动物

实验用完的动物尸体不能随便遗弃在垃圾桶，要妥善包裹好后送回相关动物房集中焚烧处理。

（5）血液制品

血液制品通常要从红十字血液中心领取，接触血液的所有物品需要 84 消毒液浸泡处理后才能丢弃。

（6）锐器

用过的锐器（如针头、刀片）针头等应存放在专有的利器盒内，若沾染病毒、细菌等应先进行高压灭菌或者 84 消毒液浸泡处理后回收。

（7）废弃的污染材料

除针头外其他污染的材料应先放置在防渗漏的容器中高压灭菌。灭菌后，由回收人员进行回收。

思政小课堂

任务准备

（一）知识学习

　　阅读本任务"相关知识点"，扫描二维码学习课程视频及 GB
4789.3—2025《食品安全国家标准 食品微生物学检验 大肠菌群计数》，
回答引导问题 1～7。

GB 4789.3—2025
《食品安全国家
标准 食品微生物
学检验 大肠菌群
计数》

? 引导问题1： 食品中大肠菌群的检验方法有哪几种？

_____

_____

_____

_____

? 引导问题2： 大肠菌群平板计数的检验原理是什么？

_____

_____

_____

? 引导问题3： 简述平板计数法测定发酵乳中大肠菌群的操作步骤。

_____

_____

_____

_____

? 引导问题4： 大肠菌群平板计数检验倾注VRBA培养基时为什么要倾注两层？

_____

_____

_____

_____

? 引导问题5： 大肠菌群在VRBA平板上的菌落特征是什么。

_____

_____

_____

_____

_____

? 引导问题6： 大肠菌群平板计数检验的证实试验如何进行。

_____

_____

_____

_____

? 引导问题7： 简述大肠菌群平板计数检验试验完成后，实验废弃物的处理办法。

_____

_____

_____

_____

（二）实验方案设计

通过学习相关知识点，完成表5-2-1。

表**5-2-1**　实验方案设计

组长		组员	
学习项目		学习时间	
依据标准			
准备内容	仪器设备 （规格、数量）		
	试剂耗材 （规格、浓度、数量）		
	样品		
任务分工	姓名	具体工作	
具体步骤			

任务实施

依据 GB 4789.3—2025《食品安全国家标准 食品微生物学检验 大肠菌群计数》，完成 1 个待检发酵乳样品的大肠菌群计数检验。完成表 5-2-2 大肠菌群平板法计数记录。

表 5-2-2　发酵乳大肠菌群平板法计数记录

样品名称：　　　　　　样品编号：　　　　　　样品状态：

生产单位：　　　　　　检验人员：　　　　　　审核人员：

检测日期：　　　　　　环境温度 /℃：　　　　　相对湿度 /%：

检测依据：

主要设备：

| 检测流程 | （1）无菌取____g(mL) 样品加入____mL_____稀释液中，以_____方式均质，制成 1∶1 样品均液。
（2）调整样品 pH 至_____。
（3）吸取____mL_____样品匀液于 2 个无菌平皿内。同时分别取 2mL 稀释液加入 2 个无菌平皿作空白对照。
（4）及时将____mL 冷却至____℃的_____琼脂（可放置于____恒温水浴箱中保温）倾注平皿，并转动平皿使其混合均匀，待凝固后再加____mL 的_____琼脂覆盖平板表面。
（5）待琼脂凝固后，_____平板，置____℃培养箱中培养，培养时间____日____时～____日____时。
（6）选择菌落数在_____之间的平板，分别计数平板上出现的具有_____特征的菌落数。
（7）从 VRBA 平板上挑取____菌落和____菌落各____个，分别接种于 BGLB 肉汤管内，置____℃培养箱中培养，观察并记录产气情况，培养时间____日____时～____日____时。 |

样品编号	检验结果	稀释倍数（　）		空白对照	
		1	2	1	2
	平板上所有菌落数				
	平板上典型菌落数				
	平板上可疑菌落数				
	待确认菌落形态分类	典型菌落	可疑菌落	典型菌落	可疑菌落
	待确认菌落分类合计				
	阳性比（阳性数 / 确认试验的菌落数）				
	平板上所有菌落数				
	平板上典型菌落数				
	平板上可疑菌落数				
	待确认菌落形态分类	典型菌落	可疑菌落	典型菌落	可疑菌落
	待确认菌落分类合计				
	阳性比（阳性数 / 确认试验的菌落数）				

检验结果：

样品编号	结果 /［(CFU/g) 或（CFU/mL)］	是否合格

标准要求：　　　　　　　　　　　　结果判定：

任务评价

每个学生完成学习任务的成绩评定按学生自评、小组互评、教师评价三阶段进行，并按自评占 20%，互评占 30%，师评占 50% 作为每个学生综合评价结果，填入表 5-2-3。

表 5-2-3　发酵乳大肠菌群平板计数学习情况评价表

评价项目		评价标准	满分	评价分值			得分
				自评	互评	师评	
素质目标	实验着装	实验服干净整洁、纽扣完整、穿戴整齐 手套、帽子、口罩穿戴整齐	10				
	操作规程	实验前对实验环境进行清洁和消毒，实验过程遵守无菌操作规程	10				
	生物废弃物处理	按要求整理桌面，处理废弃物。对于细菌繁殖体，直接将适量的 84 消毒液倒入培养管和培养皿，盖紧盖子，充分混匀，消毒浸泡 10min 以上	10				
知识目标	完成引导问题		10				
	完成实验方案设计		10				
技能目标	检验前准备	稀释液制备、分装、灭菌	2				
		培养基制备、分装、灭菌	2				
		无菌吸管洗涤、包扎、灭菌	2				
		培养皿洗涤、包扎、灭菌	2				
		消毒棉球、酒精灯和设备准备	2				
	取样和稀释	全程无菌操作	2				
		取样量正确	2				
		吸管使用方法正确	2				
		混合均匀	2				
		实验过程做好自我防护	2				
	接种和倾倒平板	稀释度选择和编码标记正确	2				
		加入稀释的样品匀液量正确	2				
		培养基倾倒量和培养基温度正确	2				
		混合均匀方式正确，覆盖培养基	2				
		全程无菌操作	2				
	培养	翻转平板，放置方式正确	2				
		培养箱温度设置正确	2				
	证实试验	平板选择正确	2				
		挑取菌落接种 BGLB 肉汤管操作正确	2				
		培养方法正确	2				
		BGLB 肉汤管产气结果判断正确	2				
	实验结果	菌落计数方法正确	2				
		原始数据记录正确	2				
		结果计算正确	2				
		报告方法正确	2				
合计			100				

学习任务5-3 发酵乳霉菌计数

任务安排

根据 GB 4789.15—2016《食品安全国家标准 食品微生物学检验 霉菌和酵母计数》中的第一法——食品中霉菌和酵母平板计数法完成 1 种发酵乳中霉菌计数。

学习目标

（一）素质目标

通过小组合作的方式进行技能训练，自己讨论列出实训所需耗材的种类、数量，规划实训过程中的任务分配，实验前理清思路、制定实验方案，实验过程通过小组成员间有效配合达到熟练掌握技能目的。养成条理清楚、团结协作的工作素养。

（二）知识目标

① 解释平板计数法的测定原理。
② 说明平板计数法进行霉菌计数的具体步骤。

（三）技能目标

① 会进行样品预处理。
② 会进行发酵乳霉菌的计数。
③会进行检测结果分析，报告检测结果。

相关知识点

 知识点1 限量要求及污染来源

　　　　　　　　　PPT　　　　课程视频

虽然发酵乳 pH 值降至 3.9 ～ 4.5，酸度大于或等于 70°T，能够抑制大多数微生物的生长繁殖，但是霉菌和酵母菌可耐受偏酸环境，因此发酵乳容易受到霉菌和酵母菌的污染。发酵乳作为保质期短且需冷链贮运、销售的产品，低水平的霉菌和酵母菌污染不会引起食品安全问题，但是超过标准的污染会导致产品变味产气，给发酵乳品质带来一定影响。

GB 19302—2025《食品安全国家标准 发酵乳》规定霉菌小于或等于 30CFU/g（mL），符合标准要求的发酵乳在 2 ～ 6℃条件下贮运、销售，保质期内不会产生食品安全问题。

如果发酵乳的原料和生产过程受到了霉菌污染，常见的霉菌污染种类有曲霉属、根霉属、青霉属、镰刀霉属等，在温度、湿度、营养成分和氧气等条件适合时，一旦长时间脱离冷链系统，特别是在大于或等于 25℃条件下贮运、销售，就可快速生长形成肉眼可见霉斑。

 知识点2　食品中霉菌的平板计数法

按照 GB 4789.15—2016《食品安全国家标准 食品微生物学检验 霉菌和酵母计数》，食品中霉菌和酵母菌计数方法主要有平板计数法和直接镜检计数法。平板计数法适用于各类食品中霉菌和酵母菌的计数，直接镜检计数法适用于番茄酱罐头、番茄汁中霉菌的计数。

1.平板计数法原理

将待测样品适当稀释后，其中微生物充分分散成单个细胞或孢子，取一定量稀释液接种到平板上，经过培养，由每个细胞生长繁殖（或孢子萌发）形成肉眼可见菌落，每一个菌落代表样品中的一个细胞（或孢子）。统计菌落数，根据其稀释倍数和取样、接种量即可换算出样品中的含菌数。但是由于待测样品往往不易完全分散成单个细胞，所以长成的一个单菌落也可能来自样品中的 2 ~ 3 或更多个细胞（或孢子）；另外在特定培养条件下，部分微生物可能无法正常生长或不足以形成菌落；因此平板计数的结果往往偏低。

平板计数法虽然操作烦琐，结果需要培养一段时间才能取得，计数结果易受多种因素影响，但是由于该计数方法的最大优点是可以获得活菌信息，所以被广泛用于生物制品检验（如活菌制剂），以及食品、饮料和水（包括水源水）等含菌指数或污染程度检验。

2.霉菌菌落

霉菌不是真菌分类中的名词，而是丝状真菌的通称。凡是在营养基质上能形成绒毛状、网状或絮状菌丝体的真菌（除少数外），统称为霉菌。

由于霉菌的菌丝较粗而长，菌丝体疏松，因而所形成的菌落也比较疏松，呈绒毛状、棉絮状或蜘蛛网状。一般比细菌和放线菌的菌落大几倍到几十倍。

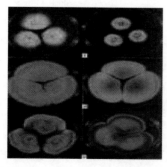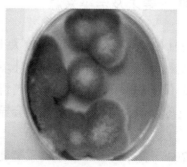

彩图二维码

图 5-3-1　霉菌在马铃薯葡萄糖琼脂（左）和孟加拉红培养基（右）上的典型菌落特征

有的霉菌的菌丝蔓延有局限性，在培养基上可见局限性菌落。有的无局限性，可无限伸延，其菌落可扩展到整个培养皿。

由于霉菌形成的孢子，有不同的形状、构造和颜色，所以菌落表面呈不同结构和色泽。菌落特征是鉴定霉菌的主要依据之一。霉菌菌落的大小、形状、颜色、边缘以及菌落表面的状况，如各种纹饰等，都是霉菌的重要培养特征。

知识点3 发酵乳中霉菌平板计数检验

1.试剂和材料

① 生理盐水：生理盐水是指生理学实验或临床上常用的渗透压与细胞环境或人体血浆渗透压相等的氯化钠溶液，用于细菌培养时浓度为 0.85%。由于它的渗透压和细胞外的渗透压一致，所以不会导致细胞脱水或者过度吸水膨胀，从而避免细胞死亡。

制作方法是将氯化钠 8.5g 加入 1000mL 蒸馏水，搅拌至完全溶解，分装入锥形瓶或试管后，121℃灭菌 15min。

② 磷酸盐缓冲液（PBS）：它有可维持离子浓度稳定、调节渗透压、维持 pH 值稳定作用，新配置的磷酸盐缓冲液 pH 值为 7.2 ~ 7.4。蒸馏水不具有调节盐平衡，维持渗透压作用，用作稀释液会破坏细胞结构及其生物活性。生理盐水虽具有调节盐平衡，维持渗透压作用，但不具有调节 pH 值作用，不能保证生物活性细胞在适宜 pH 值条件下参与生物化学反应。

可按照 GB 4789.15—2016《食品安全国家标准 食品微生物学检验 霉菌和酵母计数》提供的方法进行制作，也可以购买磷酸盐缓冲液商品试剂，按说明使用。

③ 马铃薯葡萄糖琼脂（PDA）：其成分马铃薯浸出粉有助于各种霉菌和酵母生长，葡萄糖提供碳源，氯霉素可抑制细菌生长，琼脂是培养基凝固剂。

可按照 GB 4789.15—2016《食品安全国家标准 食品微生物学检验 霉菌和酵母计数》提供的方法进行制作，也可以购买马铃薯葡萄糖琼脂（添加抗生素）商品试剂，按说明使用。

④ 孟加拉红琼脂：孟加拉红培养基又称虎红培养基，其成分蛋白胨提供氮源，葡萄糖提供碳源，磷酸二氢钾为缓冲剂，硫酸镁提供必需的微量元素，琼脂是培养基凝固剂，氯霉素可抑制细菌的生长，孟加拉红作为选择性抑菌剂可抑制细菌生长，并可减缓某些霉菌因生长过快而导致菌落漫延生长。

可按照 GB 4789.15—2016《食品安全国家标准 食品微生物学检验 霉菌和酵母计数》提供的方法进行制作，也可以购买孟加拉红（虎红）琼脂商品试剂，按说明使用。

2.仪器和设备

除微生物实验室常规灭菌及培养设备外，其他设备和材料如下：
① 培养箱：28℃ ±1℃。
② 拍击式均质器和均质袋。

③ 电子天平：感量 0.1g。

④ 无菌锥形瓶：容量 500mL。

⑤ 无菌吸管：1mL（具 0.01mL 刻度）、10mL（具 0.1mL 刻度）。

⑥ 无菌试管：18mm×180mm。

⑦ 无菌培养皿：直径 90mm。

⑧ 旋涡混匀器。

⑨ 恒温水浴箱：46℃ ±1℃。

3.操作步骤

霉菌平板计数法的检验程序见图 5-3-2。

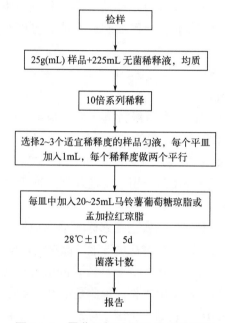

图 5-3-2　霉菌平板计数法的检验程序

（1）样品的稀释

① 固体和半固体样品。称取 25g 样品，放入盛有 225mL 磷酸盐缓冲液或生理盐水的无菌均质杯内，8000 ～ 10000r/min 均质 1 ～ 2min，或放入盛有 225mL 磷酸盐缓冲液或生理盐水的无菌均质袋中，用拍击式均质器拍打 1 ～ 2min，制成 1∶10 的样品匀液。

② 液体样品。以无菌吸管吸取 25mL 样品置盛有 225mL 磷酸盐缓冲液或生理盐水的无菌锥形瓶（瓶内预置适当数量的无菌玻璃珠）或其他无菌容器中充分振摇或置于机械振荡器中振摇，充分混匀，制成 1∶10 的样品匀液。

③ 10 倍递增系列稀释

用 1mL 无菌吸管或微量移液器吸取 1∶10 样品匀液 1mL，沿管壁缓缓注入 9mL 磷酸盐缓冲液或生理盐水的无菌试管中（注意吸管或吸头尖端不要触及稀释液面），振摇试管或换用 1 支 1mL 无菌吸管反复吹打，使其混合均匀，制成 1∶100 的样品匀液。

根据对样品污染状况的估计，按上述操作，依次制成 10 倍递增系列稀释样品匀液。每递增稀释 1 次，换用 1 支 1mL 无菌吸管或吸头。从制备样品匀液至样品接种完毕，全过程不得超过 15min。

（2）接种和培养

① 接种。选取 2 ～ 3 个适宜的连续稀释度，每个稀释度接种 2 个无菌平皿，每皿 1mL。同时取 1mL 生理盐水加入无菌平皿作空白对照。

② 培养。及时将 15 ～ 20mL 冷却至 46℃的马铃薯葡萄糖琼脂（PDA）或孟加拉红琼脂倾注于每个平皿中。小心旋转平皿，将培养基与样液充分混匀。待琼脂凝固后，正置平板，置于 28℃ ±1℃培养，观察并记录培养至第五天的结果。

（3）菌落计数

用肉眼观察，必要时可用放大镜或低倍镜，记录稀释倍数和相应的霉菌菌落数。以菌落形成单位（CFU）表示。选取菌落数在 10 ～ 150CFU 的平板，根据菌落形态计数霉菌。霉菌蔓延生长覆盖整个平板的可记录为菌落蔓延。

4.结果与报告

（1）结果

① 计算同一稀释度的两个平板菌落数的平均值，再将平均值乘以相应稀释倍数。

② 若有两个稀释度平板上菌落数均在 10 ～ 150CFU 之间，则按照式（5-3-1）进行计算。

$$N = \frac{\sum C}{(n_1 + 0.1n_2)\, d} \tag{5-3-1}$$

式中　N—— 样品中的霉菌数，CFU/g 或 CFU/mL；

　　　$\sum C$——平板（含适宜范围菌落数的平板）菌落数之和；

　　　n_1——第一稀释度（低稀释倍数）平板个数；

　　　n_2——第二稀释度（高稀释倍数）平板个数；

　　　d—— 稀释因子（第一稀释度）。

③ 若所有平板上菌落数均大于 150CFU，则对稀释度最高的平板进行计数，其他平板可记录为多不可计，结果按平均菌落数乘以最高稀释倍数计算。

④ 若所有平板上菌落数均小于 10CFU，则应按稀释度最低的平均菌落数乘以稀释倍数计算。

⑤ 若所有稀释度（包括液体样品原液）平板均无菌落生长，则以小于 1 乘以最低稀释倍数计算。

⑥ 若所有稀释度的平板菌落数均不在 10 ～ 150CFU，其中一部分小于 10CFU 或大于 150CFU 时，则以最接近 10CFU 或 150CFU 的平均菌落数乘以稀释倍数计算。

（2）报告

① 菌落数按"四舍五入"原则修约。菌落数在 10 以内时，采用一位有效数字报告；菌落数在 10 ～ 100 时，采用两位有效数字报告。

② 菌落数大于或等于 100 时，前第三位数字采用"四舍五入"原则修约后，取前两位数字，后面用 0 代替位数来表示结果；也可用 10 的指数形式来表示，此时也按"四舍五入"原则修约，采用两位有效数字。

③ 若空白对照平板上有菌落出现，则此次检测结果无效。

④ 称重取样以 CFU/g 为单位报告，体积取样以 CFU/mL 为单位报告，报告霉菌数。

思政小课堂

任务准备

GB 4789.15—2016
《食品安全国家
标准 食品微生物
学检验 霉菌和酵
母计数》

（一）知识学习

　　阅读本任务"相关知识点"，扫描二维码学习"课程视频"，扫描二维码学习 GB 4789.15—2016《食品安全国家标准 食品微生物学检验 霉菌和酵母计数》，回答引导问题 1 ～ 3。

? 引导问题1： 食品中霉菌检测的方法有哪几种？

_____

_____

_____

_____

_____

_____

_____

_____

? 引导问题2： 简述食品中霉菌平板计数检验流程。

_____

_____

_____

_____

_____

_____

_____

_____

? 引导问题3： 食品中霉菌平板计数检验培养时，培养皿应如何放置？为什么？

_____

_____

_____

_____

_____

_____

（二）实验方案设计

学习相关知识点，完成表 5-3-1 填写。

表 5-3-1　实验方案设计

组长		组员	
学习项目		学习时间	
依据标准			
准备内容	仪器设备 （规格、数量）		
	试剂耗材 （规格、浓度、数量）		
	样品		
任务分工	姓名	具体工作	
具体步骤			

任务实施

依据 GB 4789.15—2016《食品安全国家标准 食品微生物学检验 霉菌和酵母计数》，完成 1 个待检发酵乳样品霉菌的平板计数检验，完成表 5-3-2。

表 5-3-2　霉菌计数记录

样品名称：　　　　　　　　　样品编号：　　　　　　　　　样品状态：

生产单位：　　　　　　　　　检验人员：　　　　　　　　　审核人员：

检测日期：　　　　　　　　　环境温度 /℃：　　　　　　　相对湿度 /%：

检测依据：

主要设备：

| 检测流程 | （1）无菌取____g（mL）样品加入____mL_____稀释液中，以_____方式均质，制成 1∶10 样品匀液。
（2）取____mL 1∶10 样品匀液注入含有____mL 无菌稀释液的试管中，另换一支____mL 无菌吸管反复吹吸，或在旋涡混匀器上混匀，此液为_____的样品匀液。
（3）按（2）操作，制备 10 倍递增系列稀释样品匀液。每递增稀释一次，换用 1 支 lmL 无菌吸管。
（4）根据对样品污染状况的估计，选择_____和_____适宜稀释度的样品匀液，在进行 10 倍递增稀释的同时，每个稀释度分别吸取____mL 样品匀液于 2 个无菌平皿内。同时分别取 lmL 无菌稀释液加入 2 个无菌平皿作空白对照。
（5）及时将____mL 冷却至____℃的_____琼脂（可放置于_____恒温水浴箱中保温）倾注平皿，并转动平皿使其混合均匀。置水平台面待培养基完全凝固。
（6）待琼脂凝固后，_____平板，置____℃培养箱中培养，观察并记录结果，培养时间____日____时～____日____时。 |

样品编号		各稀释度计数结果			
		第 1 稀释度 （低稀释倍数）	第 2 稀释度 （高稀释倍数）	空白对照	计算结果 / [CFU/g（mL）]
1	霉菌				
2	霉菌				

检验结果：

样品编号	报告结果 /[（CFU/g）或（CFU/mL）]	是否合格
1	霉菌：	
2	霉菌：	

标准要求：　　　　　　　　　　　　　　　结果判定：

任务评价

　　每个学生完成学习任务的成绩评定按学生自评、小组互评、教师评价三阶段进行，并按自评占20%，互评占30%，师评占50%作为每个学生综合评价结果，填入表5-3-3。

表5-3-3　发酵乳霉菌计数学习情况评价表

评价项目		评价标准	满分	评价分值			得分
				自评	互评	师评	
素质目标	实验前	小组为单位检查实验服、口罩、帽子；检查实验准备情况	10				
	实验过程	组员相互配合完成实验，进行自评和互评	10				
	实验完成	按规定处理生物废弃物，清洗器皿，整理台面	10				
知识目标		实验前完成知识学习部分的引导问题	10				
		小组为单位制定出合理的实验计划	10				
技能目标	检验前准备	培养基制备、分装、灭菌	2				
		稀释液制备、分装、灭菌	2				
		无菌吸管洗涤、包扎、灭菌备	2				
		培养皿洗涤、包扎、灭菌	2				
		设备和实验环境清洁、消毒	2				
	取样样品稀释	稀释度选择正确	2				
		取样量正确	2				
		吸管使用正确	2				
		无菌操作	2				
		混合均匀	2				
	接种	稀释度选择正确	2				
		接种与稀释顺序正确	2				
		做空白对照	2				
		无菌操作	2				
	倾倒平板	培养基倾倒量正确	2				
		培养基温度合适	2				
		混合均匀，培养基没有溅洒	2				
		无菌操作	2				
	培养	平板放置正确	2				
		培养箱温度设置正确	2				
	实验结果	菌落计数方法正确	2				
		原始数据记录正确	2				
		结果计算正确	2				
		报告方法正确	4				
合计			100				

学习任务5-4　发酵乳金黄色葡萄球菌检验

📠 任务安排

对于乳制品企业，特别是生产婴幼儿配方乳粉企业，国家食品药品监督管理总局于2013年11月27日发布公告《婴幼儿配方乳粉生产企业监督检查规定》："婴幼儿配方乳粉的企业，对出厂产品要按照食品安全标准实施全项目逐批检验，不得实施委托检验"。这类企业产品的致病菌必须自行检验，而金黄色葡萄球菌是必检的食源性致病菌。

本任务要求根据GB 4789.10—2016《食品安全国家标准 食品微生物学检验 金黄色葡萄球菌检验》中的第一法——食品中金黄色葡萄球菌定性检验，完成1种发酵乳中金黄色葡萄球菌的检验。

⮐ 学习目标

（一）素质目标

金黄色葡萄球菌是食源性病原微生物，通过完成本任务熟悉生物安全法律、法规，建立生物安全意识，避免实验室感染，防止实验室事故。

（二）知识目标

① 解释金黄色葡萄球菌的主要危害。
② 说明金黄色葡萄球菌的定性检验流程。

（三）技能目标

① 会进行样品预处理。
② 会进行发酵乳金黄色葡萄球菌的定性检验。
③ 会进行检测结果的分析和报告。

🖊 相关知识点

知识点1　金黄色葡萄球菌生物学特性和致病性

PPT　　　　课程视频

1.生物学特性

金黄色葡萄球菌（*Staphylococcus aureus*）隶属于葡萄球菌属，为一种常见的食源性病原微生物。金黄色葡萄球菌为革兰氏阳性球菌，直径0.8～1.0μm，镜检时呈单个、成对、四联或不规则的簇群；无芽孢，不运动；兼性厌氧菌，在好氧条件下生长更好；

耐高盐，可在氯化钠浓度接近 10% 的环境中生长。大多数菌株能生长在 6.5 ～ 46℃（最适温度 30 ～ 37℃），能在 pH 值 4.2 ～ 9.3 生长（最适 pH 值为 7.0 ～ 7.5）。大多数菌株产类胡萝卜素，使细胞团呈现出深橙色到浅黄色，色素的产生取决于生长条件，而且在单个菌株中可能也有变化。金黄色葡萄球菌常寄生于人和动物的皮肤、鼻腔、咽喉、肠胃、痈、化脓疮口中，空气、污水等环境中也无处不在。

好氧生长的金黄色葡萄球菌细胞产生过氧化氢酶，除此之外还产生蛋白酶、脂肪酶、磷脂酶和溶菌酶。大多数菌株可水解血红蛋白、纤维蛋白、蛋清、酪蛋白和多肽类如明胶等天然动物蛋白。水解脂类、吐温类和磷脂，同时释放脂肪酸。所有毒株产生凝固酶，人和动物来源的菌株通常可凝固兔、人、马和猪的血浆。

2. 致病性

金黄色葡萄球菌为食源性致病菌，菌株致病力强弱主要取决于其产生的毒素和侵袭性酶。

① 溶血素：是一种外毒素，分 α、β、γ、δ 四种，能损伤血小板，破坏溶酶体，引起肌体局部缺血和坏死，金黄色葡萄球菌分泌的是 β 溶血素。

② 杀白细胞素：可破坏人的白细胞和巨噬细胞。

③ 血浆凝固酶：当金黄色葡萄球菌侵入人体时，该酶使血液或血浆中的纤维蛋白沉积于菌体表面或凝固，阻碍吞噬细胞的吞噬作用。金黄色葡萄球菌形成的感染易局部化与此酶有关。

④ 脱氧核糖核酸酶：金黄色葡萄球菌产生的脱氧核糖核酸酶能耐受高温，可用来作为依据鉴定金黄色葡萄球菌。

⑤ 肠毒素：金黄色葡萄球菌能产生数种引起急性胃肠炎的蛋白质性肠毒素，分为 A、B、C、D、E 五种。

知识点2　有关生物安全的法律、法规

1.《中华人民共和国生物安全法》

2020 年 10 月 17 日，第十三届全国人民代表大会常务委员会第二十二次会议通过了《中华人民共和国生物安全法》（简称《生物安全法》），自 2021 年 4 月 15 日起施行。《生物安全法》共 10 章 88 条，主要针对重大新发突发传染病，动植物疫情，生物技术研究、开发与应用，病原微生物实验室生物安全，人类遗传资源和生物资源安全，生物恐怖袭击和生物武器威胁等生物安全风险，分设专章，作出了针对性强，又具有可操作性的明确规定。

涉及金黄色葡萄球菌检验的是"第五章 病原微生物实验室生物安全"。其中明确规定：病原微生物实验室应当符合生物安全国家标准和要求，设立病原微生物实验室应当依法取得批准或者进行备案。从事病原微生物实验活动，应当严格遵守有关国家标准和实验室技术规范、操作规程，采取安全防范措施。国家根据对病原微生物的生物安全防护水平，对病原微生物实验室实行分等级管理，从事病原微生物实验活动应当在相应等级的实验室进行。病原微生物实验室的设立单位负责实验室的生物安全管理，制定科学、严格的管理制度，定期对有关生物安全规定的落实情况进行检查，对实验室设施、

设备、材料等进行检查、维护和更新，确保其符合国家标准。病原微生物实验室设立单位的法定代表人和实验室负责人对实验室的生物安全负责。

2.《病原微生物实验室生物安全管理条例》

2004 年 11 月 12 日中华人民共和国国务院令第 424 号公布《病原微生物实验室生物安全管理条例》，根据 2016 年 2 月 6 日《国务院关于修改部分行政法规的决定》第 1 次修订，根据 2018 年 3 月 19 日《国务院关于修改和废止部分行政法规的决定》第 2 次修订。《病原微生物实验室生物安全管理条例》共 7 章 72 条，主要针对病原微生物的分类和管理、实验室的设立与管理、实验室感染控制、实验室监督管理、法律责任等作出了针对性强，又具有可操作性的明确规定。

3.《人间传染病原微生物名录》

金黄色葡萄球菌位居《人间传染病原微生物名录》"表 2 细菌、放线菌、衣原体、支原体、立克次体、螺旋体分类名录"的第 139，在危害程度上被分为第三类病原微生物。根据《病原微生物实验室生物安全管理条例》，国家根据病原微生物的传染性，以及感染后对个体或群体的危害程度，将病原微生物分为四类。第一类指能够引起人或动物非常严重疾病的微生物，以及我国尚未发现或者已经宣布消灭的微生物；第二类指能够引起人或动物严重疾病，并且比较容易直接或间接的在人与人、动物与人、动物与动物间传播的微生物；第三类能引起人或动物疾病，但传播风险有限，一般情况下对人、动物或者环境不构成严重危害，且具备治疗和预防措施的微生物；第四类指在通常情况下不会引起人或动物疾病的微生物。特别明确的是第一，二类病原微生物统称为高致病性病原微生物。

 知识点3　生物安全实验室及相关要求

1.生物安全实验室

我国根据对实验室病原微生物的生物安全防护水平（biosafety level），并依照实验室生物安全国家标准，将实验室分为一级、二级、三级、四级（BSL-1、BSL-2、BSL-3、BSL-4）。BSL-1、BSL-2 的安全等级较低，称为基础生物安全实验室，不得从事高致病性病原微生物实验活动；BSL-3 称为屏障生物安全实验室；BSL-4 被称为最高屏障生物安全实验室。根据上述规定，企业实验室如果想开展食品中致病菌检测项目，最起码要具备二级生物安全实验室（BSL-2）条件，并通过二级生物安全实验室的国家认可。BSL-2 实验室具体要求及其良好工作行为指南参见 GB19489—2008《实验室 生物安全通用要求》。重点内容摘录如下。

实验室或检测区域应分为洁净区、半污染区和污染区（见图 5-4-1），应符合二级生物实验室的要求。

① 满足一级生物实验室的要求。

② 实验室门应带锁并可以自动关闭，实验室的门应有可视窗。

③ 应有足够的存储空间摆放物品以方便使用。在实验室的工作区域外还应当有供长期使用的存储空间。

④ 在实验室内使用专门的工作服，应佩戴乳胶手套。

⑤ 在实验室的工作区域外应有存放个人衣物的条件。

⑥ 在实验室所在的建筑内应配备高压蒸汽灭菌器，并按期检查和验证，以保证符合要求。

⑦ 应在实验室内配备生物安全柜。

⑧ 应设洗眼设施，必要时应有喷淋装置。

⑨ 应通风，如果使用窗户自然通风，应有防虫纱窗。

⑩ 有可靠的电力供应和应急照明。必要时，重要设备如培养箱、生物安全柜、冰箱等应有应急电源。

⑪ 实验室出口应有在黑暗中可明确辨认的标志。

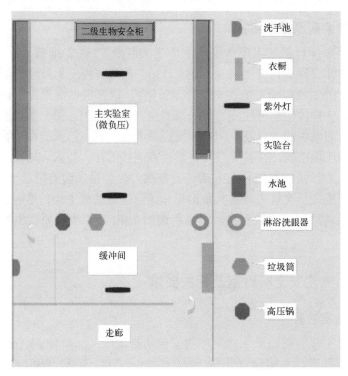

图5-4-1　二级生物安全实验室（BSL-2）布局示意图

2.生物安全柜

生物安全柜（BSC）是能防止实验操作处理过程中某些含有危险性或未知性生物微粒发生气溶胶散逸的箱型空气净化负压安全装置。其广泛应用于微生物学、生物医学、基因工程、生物制品等领域的科研、教学、临床检验和生产中，是实验室生物安全中一级防护屏障中最基本的安全防护设备。

生物安全柜的工作原理是通过将柜内空气向外抽吸，使柜内保持负压状态，通过垂直气流来保护工作人员。外界空气经高效空气过滤器（high-efficiency particulate air filter，HEPA 过滤器）过滤后进入安全柜内，以避免处理样品被污染。柜内的空气也需经过 HEPA 过滤器过滤后再排放到大气中，以保护环境。

按照美国全国卫生基金会（National Sanitation Foundation，NSF）NSF49 标准，将生物安全柜分为Ⅰ、Ⅱ、Ⅲ级，可适用于不同生物安全等级介质的操作。当生物安全实验室级别为一级时一般无须使用生物安全柜，或使用 I 级生物安全柜。实验室级别为二级时，当可能产生微生物气溶胶或出现溅出的操作时，可使用 I 级生物安全柜。当处理感染性材料时，应使用部分或全部排风的 II 级生物安全柜。若涉及处理化学致癌剂、放射性物质和挥发性溶媒，则只能使用 II -B 级全排风（B2 型）生物安全柜。实验室级别为三级时，应使用 II 级或 III 级生物安全柜。所有涉及感染材料的操作，应使用全排风型 II -B 级（B2 型，见图 5-4-2）或 III 级生物安全柜。实验室级别为四级时，应使用 III 级全排风生物安全柜。当人员穿着正压防护服时，可使用 II -B 级生物安全柜。

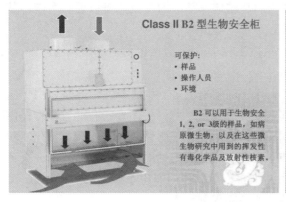

图 5-4-2　B2 型生物安全柜

3.生物安全实验室检验人员要求

致病菌检验一般要做定性鉴定，事先有个增菌过程。如果检验人员不遵守个人防护而感染致病菌，再传给密接者，致病菌就有可能进一步传染到外界；如果检验人员不遵守实验室安全管理要求，处理微生物垃圾不规范，致病菌就有可能通过下水道污染车间、职工食堂和产品，再通过流通渠道传染到外界，从而危害公共安全。

一个正规的生物安全实验室至少配备包括管理人员在内的三名专业人员：一名检验人员、一名复核检验结果人员和一名审核检验结果人员。作为一名合格的微生物检验人员，不仅要懂得微生物检验理论知识，还要懂得个人防护、微生物实验室安全管理知识。具体要求如下。

① 应具有相应的微生物专业教育或培训经历，具备相应资质，能够理解并正确实施检验。一般要有大专以上微生物或相关专业教育背景，如果是经过培训，要参加以微生物检测实操为主的强化培训。

② 应掌握实验室生物安全操作和消毒知识。

③ 应在检验过程中保持个人清洁与卫生，防止人为污染样品。

④ 应在检验过程中遵守相关安全措施规定，确保自身安全。

⑤ 有颜色视觉障碍的人员不能从事涉及辨色的实验。

知识点4　发酵乳中金黄色葡萄球菌定性检验

1.试剂和材料

① 7.5% 氯化钠肉汤：主要成分为牛肉膏、蛋白胨和氯化钠，金黄色葡萄球菌选择

性增菌培养基。因金黄色葡萄球有耐受高盐的特性，因而能在此增菌液中生长，除某些嗜高盐的海洋菌外，大多数细菌都被增菌液中的高盐所抑制。

可以参照 GB 4789.10—2016《食品微生物学检验 金黄色葡萄球菌检验》进行制作，也可以购买商品试剂按照说明使用。

② 血琼脂平板：血琼脂平板是一种用于观察金黄色葡萄球菌溶血现象的培养基，含有 5% 的脱纤维血（羊血或兔血）。主要成分酪蛋白胰酶消化物、心胰酶消化物、肉胃酶消化物、酵母浸出粉和可溶性淀粉提供碳氮源、维生素和生长因子。羊血是细菌生长繁殖的良好营养物质，在 45 ～ 50℃的基础培养基中加入血液可以保存血液中某些不耐热的生长因子，同时血球不被破坏。

可以参照 GB 4789.10—2016《食品微生物学检验 金黄色葡萄球菌检验》进行制作，也可以购买商品血琼脂平板直接使用。

③ Baird-Parker 琼脂平板：Baird-Parker 琼脂平板是一种选择性培养基，用于食品样品中的金黄色葡萄球菌初步鉴定。其主要成分胰蛋白胨、牛肉膏粉和酵母膏粉提供碳氮源、维生素和生长因子。卵黄和丙酮酸钠有助于受损细胞恢复。甘氨酸、氯化锂和亚碲酸钾抑制样品中大多数细菌生长，却不会抑制凝固酶阳性的金黄色葡萄球菌。金黄色葡萄球菌的磷脂酶降解卵黄使菌落产生清晰带，脂酶作用产生不透明圈（沉淀），凝固酶还原亚碲酸钾产生黑色菌落。琼脂是培养基凝固剂。

可以参照 GB 4789.10—2016《食品微生物学检验 金黄色葡萄球菌检验》进行制作，也可以购买商品 Baird-Parker 琼脂试剂按照说明使用。制作好的培养基应是致密不透明的，使用前在冰箱储存不得超过 48h。

④ 脑心浸出液肉汤（BHI）：用于营养要求较高的微生物的培养，特别用于食品微生物检验中金黄色葡萄球菌的纯培养。成分中胰蛋白质胨和牛心浸出液提供氮源、维生素和生长因子，葡萄糖提供碳源，氯化钠维持均衡的渗透压，磷酸氢二钠为缓冲剂。

可以参照 GB 4789.10—2016《食品微生物学检验 金黄色葡萄球菌检验》进行制作，也可以购买商品脑心浸出液肉汤试剂按照说明使用。

⑤ 兔血浆：致病性金黄色葡萄球菌能产生凝固酶，细菌生成血浆凝固酶后释放于血浆中，被血浆中的致活剂（即凝固酶致活因子）激活后，使得纤维蛋白原变为固态纤维蛋白，血浆因而凝固。

可以参照 GB 4789.10—2016《食品微生物学检验 金黄色葡萄球菌检验》进行制作，也可以购买兔血浆冻干粉按照说明使用。

⑥ 磷酸盐缓冲液：磷酸盐缓冲液（PBS）：它有可维持离子浓度稳定、调节渗透压、维持 pH 值稳定作用，新配置的磷酸盐缓冲液 pH 值为 7.2 ～ 7.4。蒸馏水不具有调节盐平衡，维持渗透压作用，用作稀释液会破坏细胞结构及其生物活性。生理盐水虽具有调节盐平衡，维持渗透压作用，但不具有调节 pH 值作用，不能保证生物活性细胞在适宜 pH 值条件下参与生物化学反应。

可按照 GB 4789.10—2016《食品微生物学检验 金黄色葡萄球菌检验》进行制作，也可以购买磷酸盐缓冲液商品试剂，按说明使用。

⑦ 营养琼脂小斜面（NA）：蛋白胨和牛肉膏粉提供氮源、维生素、氨基酸和氮源；氯化钠能维持均衡的渗透压；琼脂为凝固剂。用于细菌总数测定、纯培养及保存菌种，

可用于消毒效果测定。

可以参照 GB 4789.10—2016《食品微生物学检验 金黄色葡萄球菌检验》进行制作，也可以购买商品营养琼脂试剂按照说明使用。最终分装 13mm×130mm 试管，121℃灭菌 15min，摆斜面。

⑧ 革兰氏染色液。可以参照 GB 4789.10—2016《食品微生物学检验 金黄色葡萄球菌检验》进行制作，也可以购买商品革兰氏染色液试剂按照说明使用。

⑨ 无菌生理盐水：生理盐水是指生理学实验或临床上常用的渗透压与细胞环境或人体血浆渗透压相等的氯化钠溶液，用于细菌培养时浓度为 0.85%。由于它的渗透压和细胞外的渗透压一致，所以不会导致细胞脱水或者过度吸水膨胀，从而避免细胞死亡。

制作方法是将氯化钠 8.5g 加入 1000mL 蒸馏水，搅拌至完全溶解，分装入锥形瓶或试管后，121℃灭菌 15min。

2.仪器和设备

除微生物实验室常规灭菌及培养设备外，其他设备和材料如下：

① 恒温培养箱：36℃ ±1℃。
② 冰箱：2～5℃。
③ 恒温水浴箱：36～56℃。
④ 天平：感量 0.1g。
⑤ 均质器。
⑥ 振荡器。
⑦ 无菌吸管：1mL（具 0.01mL 刻度）、10mL（具 0.1mL 刻度）或微量移液器及吸头。
⑧ 无菌锥形瓶：容量 100mL、500mL。
⑨ 无菌培养皿：直径 90mm。
⑩ 涂布棒。

3.操作步骤

金黄色葡萄球菌定性检验程序见图 5-4-3。

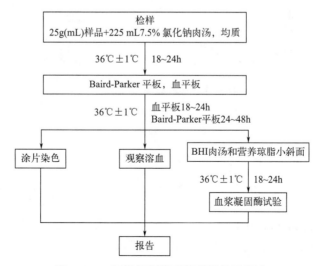

图 5-4-3　金黄色葡萄球菌定性检验程序

① 样品的处理。称取 25g 样品至盛有 225mL7.5% 氯化钠肉汤的无菌均质杯内，8000～10000r/min 均质 1～2min，或放入盛有 225mL7.5% 氯化钠肉汤无菌均质袋中，用拍击式均质器拍打 1～2min。若样品为液态，吸取 25mL 样品至盛有 225mL7.5% 氯化钠肉汤的无菌锥形瓶（瓶内可预置适当数量的无菌玻璃珠）中，振荡混匀。

② 增菌。将上述样品匀液于 36℃±1℃培养 18～24h。金黄色葡萄球菌在 7.5% 氯化钠肉汤中呈浑浊生长。

③ 分离。将增菌后的培养物，分别划线接种到 Baird-Parker 平板和血平板，血平板 36℃±1℃培养 18～24h。Baird-Parker 平板 36℃±1℃培养 24～48h。

④ 初步鉴定。金黄色葡萄球菌的菌落特征见表 5-4-1 和图 5-4-4。挑取可疑菌落进一步进行"革兰氏染色镜检"和"血浆凝固酶试验"确证鉴定。

表 5-4-1　金黄色葡萄球菌在 Baird-Parker 平板和血平板上的菌落特征

平板类型	菌落特征
Baird-Parker 平板	呈圆形，表面光滑、凸起、湿润、菌落直径为 2～3mm，颜色呈灰黑色至黑色，有光泽，常有浅色（非白色）的边缘，周围绕以不透明圈（沉淀），其外常有一清晰带。当用接种针触及菌落时具有黄油样黏稠感
血平板	呈金黄色，有时也呈白色，大而突起，圆形、不透明、表面光滑，周围有透明的 β 溶血环。β 溶血环是细菌在血平板上培养时，菌落周围形成宽大（2～4mm）、界限分明、完全透明的溶血环，是细菌产生的溶血素使红细胞完全溶解所致，又称完全溶血

彩图二维码

革兰氏染色

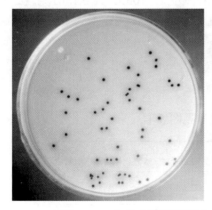
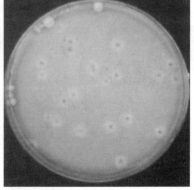

图 5-4-4　金黄色葡萄球菌在 Baird-Parker 平板（左）和血平板（右）上的菌落特征

⑤ 确证鉴定。

a. 革兰氏染色镜检。金黄色葡萄球菌为革兰氏阳性球菌，排列呈葡萄球状，无芽孢，无荚膜，直径为 0.5～1μm。具体染色方法见知识点 5。

b. 血浆凝固酶实验。挑取 Baird-Parker 平板或血平板上至少 5 个可疑菌落（小于 5 个全选），分别接种到 5mLBHI 肉汤和营养琼脂小斜面，36℃±1℃培养 18～24h。具体操作方法见知识点 6。结果如可疑，挑取营养琼脂小斜面的菌落到 5mLBHI 肉汤，36℃±1℃培养 18～48h，重复试验。

4.结果计算

① 结果判定：符合 Baird-Parker 平板和血平板上的菌落特征，革兰氏染色阳性葡萄球菌且血浆凝固酶试验阳性，可判定为金黄色葡萄球菌。

② 结果报告：在 25g（mL）样品中检出或未检出金黄色葡萄球菌。

 知识点5　细菌的革兰氏染色法

1.简介

革兰氏染色法是 1884 年由丹麦病理学家 Christain Gram 所创立，此法可将所有细菌区分为革兰氏阳性菌（G⁺）和革兰氏阴性菌（G⁻）两大类，是细菌学上最常用鉴别性染色法。

革兰氏染色法过程中细菌涂片先经结晶紫初染，加碘液处理，再以脱色剂酒精脱色，最后用复染剂石炭酸复红或番红复染。若细菌不被脱色而保留紫红色者，称为革兰氏阳性菌（用 G⁺ 表示）；若被脱色而染上复染剂的粉红色者，称为革兰氏阴性菌（用 G⁻ 表示）。革兰氏染色常受菌龄、培养基 pH 和染色技术等影响，一般采用幼龄菌。

2.染色程序

涂片→干燥→加热固定→冷却→结晶紫初染→水洗→碘液媒染→水洗→酒精脱色→水洗→番红复染→水洗→干燥→镜检。

① 涂片、固定。取干净载玻片一张放在染色架上，分别在载玻片的三处各滴一小滴无菌水，按无菌操作法用接种环分别待检菌种少许，各涂于一处的水滴内（做好标记），涂匀、干燥、加热固定。

② 初染。待涂片冷却后染色。先滴加结晶紫染色 1min，用水冲去染液。

③ 媒染。控净载玻片上多余水分，滴加碘液媒染 1min，倾去碘液，用水冲去染液。

④ 乙醇脱色。控净载玻片上多余水分，以 95% 乙醇脱色 20～30s(严格掌握时间)，用水冲去酒精。

⑤ 复染。控净载玻片上多余水分，滴加番红复染 2～3min（或用石炭酸复红复染 30s），用水冲去染液。干燥。

⑥ 干燥。自然晾干或用吸水纸轻轻地吸干载玻片上的水分，注意不要擦掉菌体细胞。

⑦ 镜检。待标本完全干燥后，先用低倍镜和高倍镜观察，将典型部位移至显微镜视野中央，再用油镜观察细胞形态及染色结果。

 知识点6　血浆凝固酶实验原理及操作方法

1.血浆凝固酶实验原理

致病性的金黄色葡萄球菌产生的血浆凝固酶，使血浆中纤维蛋白原转变为纤维蛋白，附着于细菌表面，产生凝固。金黄色葡萄球菌可产生两种凝固酶，一种是与细胞壁结合的凝固酶，为结合凝固酶。另一种是菌细胞释放于培养基中，为游离凝固酶。二者的抗原性不同。

2.影响血浆凝固酶试验的因素

① 血浆：血浆凝固酶试验可选用人血浆或兔血浆。用人血浆出现凝固的时间短，约 93.6% 的阳性菌在 1h 内出现凝固。用兔血浆 1h 内出现凝固的阳性菌株仅达 86%，大部分菌株可在 6h 内出现凝固。

② 若被检菌为陈旧的培养物（超过 18 ～ 24h），或生长不良，可能造成凝固酶活性低，出现假阴性。

③ 不能使用甘露醇氯化钠琼脂上的菌落做血浆凝固酶的实验，因所有高盐培养基都可以抑制 A 蛋白（金黄色葡萄球菌表面的蛋白）产生，造成假阴性结果。

④ 不要用力振摇试管，以免凝块振碎。

⑤ 实验必需设阳性（标准金黄色葡萄球菌）、阴性（白色葡萄球菌）、空白（肉汤）对照。

⑥ 玻片法只能检测结合凝固酶，而试管法可检测两种凝固酶。因此，两种实验所得结果可完全不同。玻片法只用于筛选。

3.金黄色葡萄球菌血浆凝固酶实验操作方法

挑取 Baird-Parker 平板或血平板上可疑菌落 1 个或以上，分别接种到 5mLBHI 肉汤和营养琼脂小斜面，36℃ ±1℃培养 18 ～ 24h。取 3 支干净无菌的小试管，按表 5-4-2 进行操作。

表5-4-2　金黄色葡萄球菌血浆凝固酶实验

	阳性对照实验	待鉴定培养物	阴性对照实验	空白对照
新鲜配制兔血浆	0.5mL	0.5mL	0.5mL	0.5mL
待检菌落 BHI 培养物		0.2 ～ 0.3mL		
阳性对照菌稀释液	0.2 ～ 0.3mL			
阴性对照菌稀释液			0.2 ～ 0.3mL	
BHI				0.2 ～ 0.3mL

将上述试管振荡摇匀，置 36℃ ±1℃温箱或水浴箱内，每 0.5h 观察一次，观察 6h，如呈现凝固（即将试管倾斜或倒置时，呈现凝块）或凝固体积大于原体积的一半，判定为阳性结果。

彩图二维码

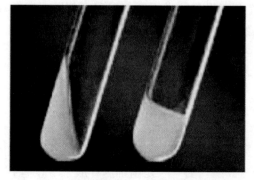

图5-4-5　金黄色葡萄球菌血浆凝固酶实验阳性结果

思政小课堂

🌀 任务准备

（一）知识学习

1.简述金黄色葡萄球菌检验时实验室和检验人员的生物安全要求，并说明为什么如此要求？

_____

_____

2.阅读本任务"相关知识点"，扫描二维码学习"课程视频"，扫描二维码学习 GB 4789.10—2016《食品安全国家标准 食品微生物学检验 金黄色葡萄球菌检验》，回答引导问题 1 ～ 7。

GB 4789.10—2016
《食品安全国家标准 食品微生物学检验 金黄色葡萄球菌检验》

? **引导问题1：**食品中金黄色葡萄球菌的检验方法有哪几种？

_____

_____

? **引导问题2：**金黄色葡萄球菌定性检验的原理是什么？

_____

_____

_____

? **引导问题3：**简述发酵乳中金黄色葡萄球菌的定性检验的操作步骤。

_____

_____

_____

? **引导问题4：**金黄色葡萄球菌为何要用7.5%的氯化钠肉汤进行增菌培养？

_____

_____

_____

? **引导问题5：**金黄色葡萄球菌在Baird-Parker平板和血平板各具有什么菌落特征？

_____

_____

_____

? **引导问题6：**进行血浆凝固酶试验需要注意哪些问题？

_____

_____

_____

? **引导问题7：**简述细菌革兰氏染色原理、方法及结果判断。

_____

_____

_____

（二）实验方案设计

学习相关知识点，完成表5-4-3。

表**5-4-3**　实验方案设计

组长		组员	
学习项目		学习时间	
依据标准			
准备内容	仪器设备（规格、数量）		
	试剂耗材（规格、浓度、数量）		
	样品		
任务分工	姓名	具体工作	
具体步骤			

任务实施

依据 GB 4789.10—2016《食品安全国家标准 食品微生物学检验 金黄色葡萄球菌检验》，完成 1 个待检发酵乳样品金黄色葡萄球菌的定性检验，完成表 5-4-4。

表5-4-4　金黄色葡萄球菌定性检验记录

样品名称：　　　　　　　　样品编号：　　　　　　　　样品状态：

生产单位：　　　　　　　　检验人员：　　　　　　　　审核人员：

检测日期：　　　　　　　环境温度 /℃：　　　　　　　相对湿度 /%：

检测依据：

主要设备：

<table>
<tr><td rowspan="5">检验流程</td><td>
（1）无菌取_____g（mL）样品加入_____mL_____增菌液中，置_____ ℃培养箱中培养，观察并记录结果，培养时间___日___时～___日___时。
（2）轻轻混匀 7.5% 氯化钠肉汤培养物，各取增菌培养物 1 环，分别划线接种于 3 个血平板（配制时间_____），于____℃培养（培养时间___日___时～___日___时）；和 3 个 Baird-Parker 平板（配制时间_____），于____℃培养（培养时间___日____时～____日____时）。后观察菌落形态。
（3）挑取至少 5 个可疑菌落（小于 5 个全选）分别进行革兰氏染色镜检。
（4）将上述可疑菌落同时接种 BHI 肉汤和营养琼脂小斜面于_____℃培养（培养时间____日____时～____日____时）。
（5）取新鲜配制的兔血浆_____mL，放入小试管中，再加入 BHI 培养物_____mL，振荡摇匀，置_____℃培养箱内，每 0.5h 观察一次，观察 6h。观察是否凝固。</td></tr>
</table>

血平板	无菌落□	有菌落□	非典型菌落	□
			典型菌落	□
Baird-Parker 平板	无菌落□	有菌落□	非典型菌落	□
			典型菌落	□

血浆凝固酶试验：

血浆凝固酶试验	0.5h		1h		1.5h		3h		2.5h		3h
	3.5h		4h		4.5h		5h		5.5h		6h

如血浆凝固酶实验结果可疑，挑取营养琼脂小斜面的菌落到 5mLBHI，36℃ ±1℃培养 18 ～ 48h，重复实验

血浆凝固酶试验	0.5h		1h		1.5h		3h		2.5h		3h
	3.5h		4h		4.5h		5h		5.5h		6h

确证鉴定：

可疑菌落编号	革兰氏染色结果	血浆凝固酶实验结果
可疑菌落 1		
可疑菌落 2		
可疑菌落 3		
可疑菌落 4		
可疑菌落 5		

检验结果：

样品编号	结果判定	结果报告

任务评价

　　每个学生完成学习任务的成绩评定按学生自评、小组互评、教师评价三阶段进行，并按自评占20%，互评占30%，师评占50%作为每个学生综合评价结果，填入表5-4-5。

表5-4-5　发酵乳金黄色葡萄球菌定性检验学习情况评价表

评价项目		评价标准	满分	评价分值			得分
				自评	互评	师评	
素质目标	实验前	工作服整洁干净，口罩遮挡口鼻，帽子包裹全部头发	5				
		检查试剂、器皿及设备是否到位	5				
	实验中	遵守无菌操作规程和生物安全规程	5				
	实验后	按生物安全规程处理桌面、环境和废弃物	5				
知识目标	阅读知识点，学习线上课程，完成引导问题		5				
	完成实验方案设计		5				
技能目标	检验前准备	培养基制备、分装、灭菌	5				
		增菌液制备、分装、灭菌	5				
		无菌吸管洗涤、包扎、灭菌备	5				
		培养皿洗涤、包扎、灭菌	5				
	增菌	增菌前准备	2				
		取样	2				
		无菌操作	2				
		取样量正确	2				
	分离	培养基选择	2				
		划线分离	2				
		无菌操作	2				
		培养	2				
	初步鉴定	平板上有无单菌落	2				
	革兰氏染色	涂片	2				
		染色	2				
		镜检	6				
		结果判断正确	2				
	接种	接种方法正确	2				
		无菌操作	2				
	血浆凝固酶试验	操作正确	2				
		数据记录正确	2				
		无菌操作	2				
	结果报告	记录清晰、准确，报告方法正确	10				
合计			100				

模块检测

一、选择题（20分，每小题1分）

1. 在进行食品中乳酸菌检测时，若样品中仅包括乳杆菌属，所用的分离培养或计数用培养基是（　　　）。

a. MRS 培养基

b. 莫匹罗星锂盐和半胱氨酸盐酸盐改良 MRS 培养基

c. MC 培养基

d. VRBA 培养基

2. 大肠菌群平板计数检验需要用到（　　　）培养基。

a. LST 和 BGLB   b. VRBA 和 BGLB

c. PCA 和 VRBA   d. VRBA 和 LST

3. 用 MRS 琼脂培养基检验发酵乳中乳杆菌属总数时，培养参数为（　　　）。

a. 36℃ ±1℃培养 48h±2h   b. 36℃ ±1℃厌氧培养 48h±2h

c. 36℃ ±1℃厌氧培养 72h±2h   d. 36℃ ±1℃培养 72h±2h

4. （　　　）培养基不需要进行高压蒸汽灭菌。

a. LST   b. VRBA   c. PCA   d. BGLB

5. 大肠菌群平板计数检验时，用 VRBA 培养基分离时，培养参数为（　　　）。

a. 36℃ ±1℃厌氧培养 18h ～ 24h   b. 36℃ ±1℃培养 18h ～ 24h

c. 36℃ ±1℃培养 72h±2h   d. 36℃ ±1℃培养 48h±2h

6. 大肠菌群平板计数检验过程中，证实试验时采用 BGLB 培养基，培养参数为（　　　）。

a. 36℃ ±1℃厌氧培养 18h ～ 24h   b. 36℃ ±1℃培养 18h ～ 24h

c. 36℃ ±1℃培养 24h ～ 48h   d. 36℃ ±1℃培养 72h±2h

7. 金黄色葡萄球菌定性检验时，所用的增菌培养基是（　　　）。

a. 10% 的氯化钠肉汤   b. 7.5% 的氯化钠肉汤

c. BHI 培养基   d. LST 培养基

8. 霉菌和酵母菌平板计数法检验需要用到（　　　）培养基。

a. PCA 或孟加拉红琼脂   b. LST 或孟加拉红琼脂

c. PDA 或孟加拉红琼脂   d. PDA 和孟加拉红琼脂

9. 霉菌和酵母菌平板计数法检验时，培养参数为（　　　）。

a. 36℃ ±1℃培养 18 ～ 24h   b. 36℃ ±1℃培养 48h±2h

c. 28℃ ±1℃培养 72h±2h   d. 28℃ ±1℃培养至第 5d

10. 金黄色葡萄球菌定性检验时，所用的分离平板为（　　　）。

a. 血琼脂平板和 Baird-Parker 琼脂平板

b. 血琼脂平板或 Baird-Parker 琼脂平板

c. 血琼脂平板和孟加拉红琼脂平板

d. PDA 平板和孟加拉红琼脂平板

11. 金黄色葡萄球菌定性检验时，用血琼脂平板分离时，培养参数为（　　）。

a. 28℃ ±1℃培养 18h ～ 24h　　　　　　　b. 36℃ ±1℃培养 18h ～ 24h

c. 36℃ ±1℃培养 72h±2h　　　　　　　　d. 36℃ ±1℃培养 48h±2h

12. 金黄色葡萄球菌定性检验时，用 Baird-Parker 琼脂平板分离时，培养参数为（　　）。

a. 28℃ ±1℃培养 18h ～ 24h　　　　　　　b. 36℃ ±1℃培养 18h ～ 24h

c. 36℃ ±1℃培养 24h ～ 48h　　　　　　　d. 28℃ ±1℃培养 48h±2h

13. 细菌的革兰氏染色时，G^+ 应该呈现（　　）颜色。

a. 红色　　　　　b. 橙色　　　　　c. 绿色　　　　　d. 紫红色

14. 大肠菌群 MPN 法检验时，不可能出现的阳性管排列方式（　　）。

a. 0，0，0　　　b. 3，1，2　　　c. 3，1，1　　　d. 0，0，3

15. 大肠菌群包含的细菌形态染色特征是（　　）。

a. G^+ 芽孢杆菌　　b. G^+ 无芽孢杆菌　　c. G^- 无芽孢杆菌　　d. G^- 芽孢杆菌

16. 检测葡萄球菌所用的增菌液是（　　）。

a. 7.5% 氯化钠肉汤　　　　　　　b. 普通肉汤

c. 蛋白胨水　　　　　　　　　　　d. TTB

17. （　　）葡萄球菌中的致病力最强。

a. 白色　　　　　b. 金黄色　　　　　c. 柠檬色　　　　　d. 表皮

18. 葡萄球菌形态染色特征是（　　）。

a. G^- 杆菌　　　b. G^- 球菌　　　c. G^+ 球菌　　　d. G^+ 杆菌

19. 在无芽孢的细菌中，葡萄球菌的抵抗力（　　）。

a. 最强　　　　　b. 最弱　　　　　c. 中等　　　　　d. 与芽孢菌相近

二、判断题（20分，每小题1分，对的画"√"，错的画"×"）

1. 发酵乳是以生牛（羊）乳或乳粉为原料，经杀菌、发酵后制成的 pH 值降低的产品。
（　　）

2. 根据规定，发酵乳中大肠菌群检测采用 MPN 计数法计数法。　　　　（　　）

3. 食品中乳酸菌检测结果的报告单位以 CFU/g（mL）表示。　　　　　（　　）

4. 大肠菌群包括大肠埃希氏菌、柠檬酸杆菌、产气克雷伯氏菌和阴沟肠杆菌等细菌。
（　　）

5. 所有的发酵乳产品都要求乳酸菌数大于或等于 $1×10^6$CFU/g（mL）。　　（　　）

6. 孟加拉红培养基中所用的氯霉素是在配制培养基时加入的。　　　　（　　）

7. 多数金黄色葡萄球菌致病毒株可在血琼脂平板上形成溶血环。　　　（　　）

8. 金黄色葡萄球菌耐盐性较高，所以可以用高盐分的培养基作选择性培养基。
（　　）

9. 霉菌平板计数法检验时，需正置平板，置于 28℃ ±1℃培养，观察并记录培养至第五天的结果。　　　　　　　　　　　　　　　　　　　　　　　（　　）

10. 大肠埃希氏菌革兰色染色后，应该呈现红色。　　　　　　　　　（　　）

11. 金黄色葡萄球菌定性检验时，所用增菌培养基是 BHI 培养基。　　（　　）

12. 检验发酵乳中乳杆菌属总数时，需进行厌氧培养。　　　　　　　（　　　）

13. 霉菌平板计数时，需正置平板。　　　　　　　　　　　　　　　（　　　）

14. 细菌革兰氏染色时，所用的脱色剂是 75% 乙醇。　　　　　　　（　　　）

15. 大肠菌群平板计数检验的确认试验，当 LST 肉汤管产气，即可判断为大肠菌群阳性管。　　　　　　　　　　　　　　　　　　　　　　　　　（　　　）

16. 金黄色葡萄球菌血浆凝固酶试验时，当待测菌株试管呈现凝固（即将试管倾斜或倒置时，呈现凝块）或凝固体积大于原体积的一半，判定为阳性结果。（　　　）

17. 金黄色葡萄球菌革兰色染色后，应该呈现紫红色。　　　　　　　（　　　）

18. 葡萄球菌是 G$^+$ 菌，致病性葡萄球菌一般较非致病菌小，且各个菌体的大小及排列也较整齐。　　　　　　　　　　　　　　　　　　　　　　　　（　　　）

19. 葡萄球菌检验常用的增菌液是 7.5%NaCl 肉汤。　　　　　　　　（　　　）

20. 食品中大肠菌群 MPN 的表示方法是：个 /g（或 mL）。　　　　（　　　）

三、填空题（20分，每题1分）

1. 发酵乳通常有 3 种类型：_____。

2. 大肠菌群是一群在一定培养条件下能发酵乳糖、产酸产气的需氧和兼性厌氧的_____。

3. 食品中乳酸菌检测依据的国家标准是_____。

4. 按照现行的 GB 4789.15—2016，食品中霉菌和酵母菌检测方法主要有_____和_____。发酵乳中霉菌和酵母菌的计数应采用的方法是_____。

5. 依据国家标准，发酵乳的乳酸菌数应该_____。但发酵后经热处理的发酵乳产品对乳酸菌数_____。

6. 乳酸菌是一类能利用可发酵碳水化合物产生大量_____的细菌的统称，从形态上可分为_____和_____，是兼性厌氧性或厌氧性细菌。

7. 发酵乳中乳杆菌属总数检验时，所用培养基是_____，培养温度和时间分别为_____。

8. 食品中霉菌和酵母菌的计数方法是将食品检样经过处理，在一定条件下培养后，1g 或 1mL 检样中所含霉菌和酵母菌_____数。

9. 食品中霉菌和酵母菌计数时，样品稀释采用_____倍系列稀释法。

10. 霉菌和酵母菌落计数时，以菌落形成单位_____表示，选取菌落数在_____CFU 的平板进行计数。

11. 霉菌和酵母菌平板计数法检验时，需_____平板，置于_____培养，观察并记录培养至_____的结果。

12. 细菌革兰氏染色，所用试剂依次为：_____、_____、_____、_____。

13. 大肠菌群平板计数检验时，在平板菌落选择时，选取菌落数在_____的平板，分别计数平板上出现的_____大肠菌群菌落。

14. 大肠菌群在 VRBA 平板上的典型菌落特征为：_____。

15. 金黄色葡萄球菌在血平板上的典型特征为_____。

16. 食品中大肠菌群检测依据的国家标准是_____。

17. 食品中金黄色葡萄球菌检测依据的国家标准是＿＿＿＿＿＿＿＿＿＿＿。

18. 食品中霉菌和酵母菌检测依据的国家标准是＿＿＿＿＿＿＿＿＿＿＿。

19. 大肠菌群平板计数检验时的证实实验，当＿＿＿＿＿＿＿＿＿＿＿产气，可报告为大肠菌群＿＿＿＿＿＿＿＿＿＿＿。

20. 金黄色葡萄球菌在血平板上的典型特征为＿＿＿＿＿＿＿＿＿＿＿。

四、简答题（40分，每题8分）

1. 为什么说大肠菌群是理想的粪便污染的指标菌？

2. 请简要说明血浆凝固酶实验的原理。

3. 请简要说明用食品中大肠菌群平板计数法检验的测定流程及方法。

4. 请简要说明用食品中金黄色葡萄球菌定性检验的测定流程及方法。

5. 请简述细菌的革兰氏染色程序。

模块5
模块检测答案

参考文献

［1］ 秦立虎，杜管利，马兆瑞，等 . 乳品质量安全技能考核指南 [M]. 西安：西北大学出版社，2020.

［2］ 马兆瑞，郭焰 . 畜产品检测技术 [M]. 北京：化学工业出版社，2021.

［3］ 马兆瑞，李慧东 . 畜产品加工技术及实训教程 [M]. 北京：科学出版社，2011.

［4］ 李丹妮，贡松松 . 生鲜牛乳中抗生素残留检测技术研究进展 . 中国乳品工业 [J]. 2017，45（5）：38-41.

［5］ 徐凤芹 . 浅析 5S 现场管理在食品企业的推行 . 食品安全导刊 [J]. 2021（8）：191-192.

［6］ 周光理 . 食品分析与检验技术 [M]. 北京：化学工业出版社，2017.

［7］ 欧阳卉，赵强 . 食品仪器分析技术 [M]. 北京：中国医药科技出版社，2019.

［8］ 武建新 . 乳品生产技术 [M]. 北京：科学出版社，2010.